JN043051

図 1
千葉県市原市養老川沿いの地層
「千葉セクション」

（写真上）崖の左手上部、点線で示した部分に白尾火山灰の層が認められる。点線の上側がチバニアン（中期更新世）の地層、下側がカラブリアン（前期更新世）の地層。前期-中期更新世の境界の約1m上に、いちばん最近の地磁気逆転「松山-ブルン境界」の痕跡がある
（写真下）前期-中期更新世境界の国際境界模式層断面とポイント（GSSP）は、矢印で示した白尾火山灰の下面に置かれることになった
〈撮影：白尾元理〉

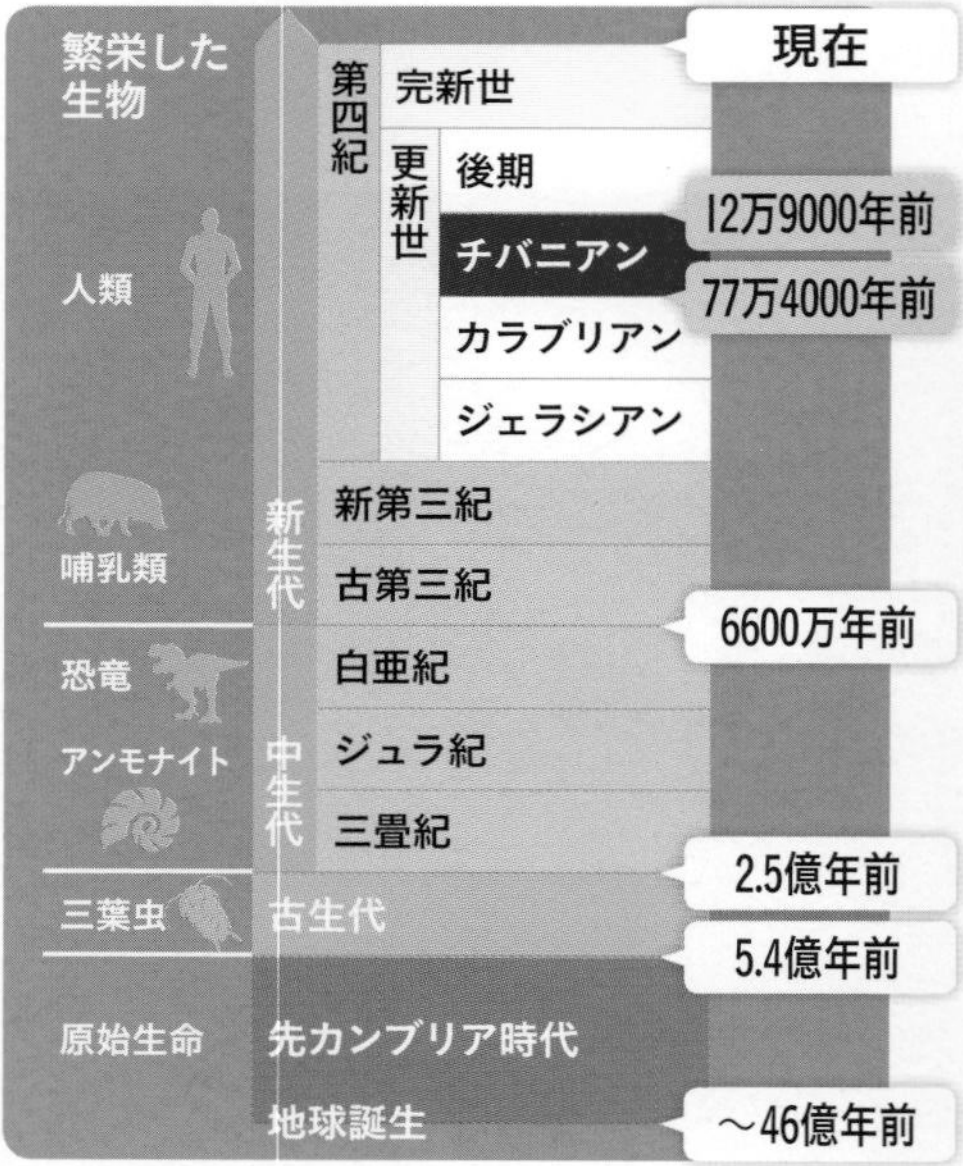

図２
地質年代表

77万4000年前から12万9000年前の時代に「チバニアン」という名前が新たにつけられた

図３
地磁気逆転を起こす
地球ダイナモのシミュレーション

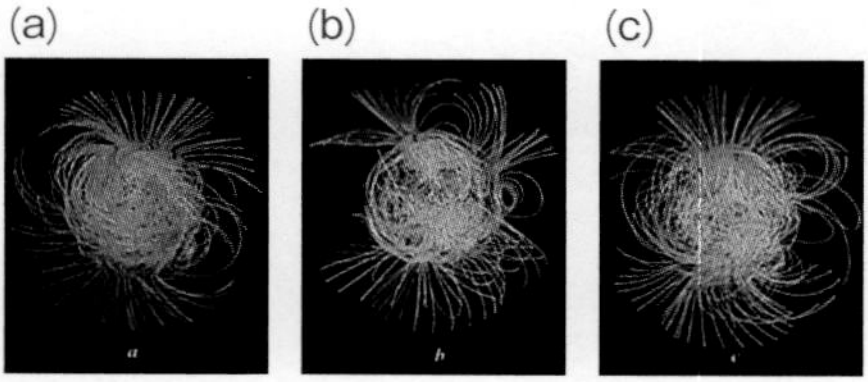

オレンジと青の線は、それぞれ外向き（地球から出る方向）と内向き（地球に戻る方向）の磁力線を表している。(a) ～ (c) はそれぞれ地磁気逆転の前、途中、後の地磁気の様子を示す
〈Glatzmaier and Roberts（1995）より〉

図４
人工衛星によって観測された
高度 500kmの地磁気強度

色の違いは地磁気強度を示しており、南大西洋上空に地磁気強度の弱いエリアがあることがわかる。図中の白点は人工衛星が故障を起こした地点を示している
〈© ESA/DTU Space〉

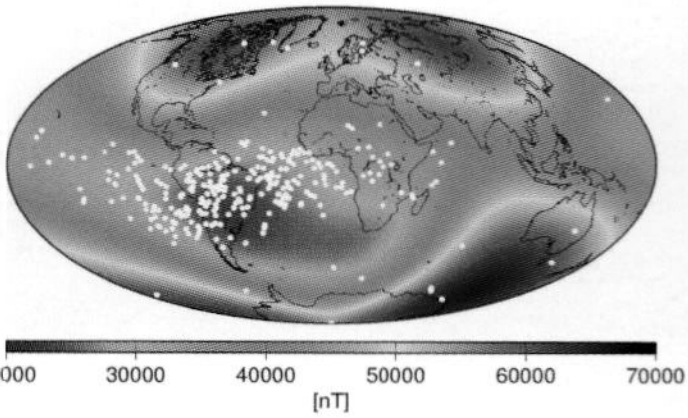

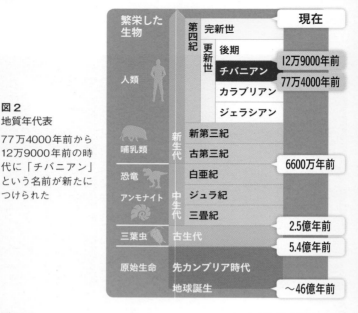

地磁気逆転と「チバニアン」

地球の磁場は、なぜ逆転するのか

菅沼悠介　著

ブルーバックス

カバー装幀｜芦澤泰偉・児崎雅淑
カバーイラスト｜星野勝之
本文デザイン｜齋藤ひさの
本文図版｜さくら工芸社、菅沼悠介

はじめに

2020年1月17日、この日は多くの報道関係者が東京都立川市にある国立極地研究所に集まっていました。地質年代に、日本の地名・千葉に由来する「チバニアン」という名前がつくか否か、その最終審査の結果がここで公表されることになっていたのです。

地質年代と聞いて、ピンとくる人は多くないかもしれません。これは、平安時代や鎌倉時代などの日本史の時代区分のように、約46億年の地球の歴史を区分して表す世界共通の年代（時代）の基準のこと。「ジュラ紀」「白亜紀」などもこの地質年代の名前の一つです。この地質年代に「チバニアン」という名前がつくことが決まれば、日本に由来する名前としては初めてのことであり、その審査状況は、研究者だけでなく、メディアからも大きな注目を集めていたのです。

この審査が始まったのは2017年。じつに2年半もの月日が流れていました。最終審査を含めて全部で4段階の審査があり、まずはイタリアの2ヵ所を含めた3つの候補地を、1ヵ所に絞るところからのスタートでした。私は「チバニアン」誕生に向けての研究を取りまとめて申請する論文執筆責任者としてこのプロジェクトに携わってきたのですが、研究や論文執筆の大変さだけでなく、度重なる審査の延期、思いがけない障害などの試練を乗り越えてこの日を迎えたのです。苦難を共有した申請チームのメンバーも国立極地研究所に集まり、固唾を飲む中で審査結果の連絡を待っていました。

そして、予定時刻をやや過ぎた午前11時半。一通のメールが私に届きます。そこには、国際学会の理事会でおこなわれた投票の結果、日本の申請が承認されたと書かれていました。地球史に「チバニアン」という新しい名前が刻まれることが決まったのです。

このチバニアン誕生のニュースはすぐに日本列島を駆け巡りました。その後のテレビや新聞などの報道で目にした方も多いと思います。これは日本の科学界にとって、歴史に残る大きな成果です。今後、世界中の教科書にも書き加えられることになるでしょう。これまでチバニアン誕生に向けて頑張ってきた多くの関係者や申請チームのメンバーにとって、ようやく努力が報われるときがきたのです。

この度「チバニアン」という名前がついた時代は、約77万年前から約13万年前までの期間を指します（カラー口絵 図2）。そもそもなぜ千葉に由来する名前なのか。それは、千葉県市原市にある「千葉セクション」と呼ばれる地層に、この時代を象徴する大きな特徴が記録されていたからです。巻頭のカラー口絵 図1が、その千葉セクションの写真です。一見、なんの変哲もない地味なただの崖。ですが、この地層には、世界の研究者が注目する重要な記録が残されていたのです――それが、本書のメインテーマである「地磁気逆転」です。

地球には磁場があり、だからこそ方位磁石を使うと方角を知ることができます。「磁石のN極は北を指す」というのは、現在においては常識ですが、じつは過去の地球には、「磁石のN極が南を指す」時代がありました。驚くべきことに、地球の磁場（地磁気）が180度ひっくり返るという現象が過去に何度も起きてきたのです。そして、いちばん最近に起きた地磁気逆転の証拠が、まさにチバニアン誕生の舞台となった地層、千葉セクションから見つかったのです。

地磁気はなぜ逆転するのか――これは地球科学最大の謎ともいえる大きなテーマです。「地磁気が逆転したって、磁石が指す方角が変わるだけでしょう?」と思うかもしれません。たしかに普段生活する中で地磁気を意識することはまずありませんが、地磁気は、私たち人類を含む生物にとっても重要な存在なのです。

そもそも地磁気は、地球内部を源として、大気圏を遠く離れた宇宙空間まで張り出し、太陽からの放射線や太陽風だけでなく、遠い銀河から飛来する銀河宇宙線などからも地球の表層を守るバリアのような役割を果たしています。もし地球に地磁気が存在しなければ、地球の大気は太陽風によって剝ぎ取られてしまい、地球に生命は誕生しなかった可能性すらあります。

また、地磁気の強さが現在より弱くなるだけでも、衛星通信や送電網など現代社会を支えるインフラの多くが大きなダメージを受けるでしょう。たとえば、携帯電話などを使った無線通信も不可能になるかもしれません。じつは人類を含む地球上の生命や、地球の気候すらも、地磁気の存在と切っても切れない関係にあるのかもしれないのです。

一般には知られていませんが、過去２００年ほどの間、地磁気の強さは低下し続けています。この傾向がさらに続けば、地磁気逆転に向かう可能性もあるのです。我々にとって重要な地磁気が、もしいま逆転をしたらどのような事態が起こるのでしょうか？　現代の文明社会は、存亡の危機を迎えてしまうのでしょうか？　科学者たちの研究の積み重ねによって、少しずつ、でも着実に、その謎の解明に近づいています。

地磁気の存在について、人類が最初に認識したのは方位磁石が発見されたときでしょう。方位磁石は常に（おおよそ）北を指すために便利なナビゲーションツールとして大航海時代幕開けのきっかけともなりました。しかし、なぜ地球には地磁気が存在するのかについての理解が進むまでには、長い時間が必要となりました。この地磁気研究の歴史上には、ガウスやファラデーなど近代科学史を飾る著名な研究者も次々に登場します。

地磁気研究には、日本人も大きな貢献をしています。京都帝国大学教授だった松山基範《もとのり》は、今から90年以上も前に、「かつて地磁気が繰り返し逆転した」可能性を指摘します。ですが、この先を行きすぎた発見は、当時の科学界において、まさに天地が反転するような突飛な仮説として、なかなか受け入れられることはありませんでした。ところが1950〜1960年代になると、かつてウェゲナーが提唱した大陸移動説が、「海洋底拡大説」、さらに「プレートテクトニクス」というまったく新しい形の地球像として突如よみがえります。そして、この復活劇の中で「地磁気逆転」は、時とともに海洋底が拡大することを立証するもっとも重要な証拠として注目を集めることになったのです。

近年には、コンピュータの進化にあわせて地磁気の起源に関する研究も一気に進展しました。スーパーコンピュータの中で地磁気の発生を再現できるようになったのです。こうして、地磁気の正体に迫ろうと多くの研究者たちが取り組んでいますが、地磁気逆転のメカニズムは非常に複雑で、科学が進歩した現代においても解明には至っていません。その大きな理由の一つは、ホモ・サピエンスつまり現生人類が誕生してから地磁気逆転は起こっておらず、私たちは実際に逆転現象を観測したことがないからです。

ですが、我々にはこの謎に取り組む有効な手段があります。それは、千葉セクションをはじめとする地層や岩石に刻まれた過去の「地磁気の痕跡」です。その中から過去の地磁気の変動や逆転の記録を見出すことで、そのメカニズムの解明にチャレンジすることができるのです。

地磁気逆転はなぜ起こるのか、前兆はあるのか、次はいつ起こるのか、逆転したらどうなるのか——研究が進むことによって、どこまで明らかになるでしょうか。本書では、この大きなテーマに迫っていきます。最新科学でも解き明かされていない謎を解くカギが、「チバニアン」を生んだ千葉セクションの地層に眠っているかもしれません。

本書では、チバニアンを通して初めて地磁気逆転の存在を知った方にも興味を持ってもらえるよう、地磁気と地磁気逆転の謎を中心に、最近の研究成果も踏まえてお話ししていきたいと思います。

まず第1章で磁石と地磁気発見のストーリーをたどり、第2章では、地磁気の起源を紹介します。第3章では、地磁気逆転の発見から立証されるまでの経緯を紐解きましょう。そして第4章では、地磁気の逆転や変動を探る技術から、最新の研究トピックまでをお話しします。その中で、新たな技術の導入によって、地磁気研究に残されていた謎へのアプローチが可能となり、チバニアンの誕生へとつながっていきます。私自身の研究も含めて、この一連の過程を第5章と第6章で紹介したいと思います。そして最後に、第7章ではチバニアン申請の経緯とともに若干のサイドストーリーもお話しします。

本書はあくまで一般の読者向けの解説を目指しましたので、専門的に学びたい方には不十分な部分もあるかもしれません。ただ、コラムとして関連する研究のホットトピックなども紹介しながら、より詳しく学ぶための道筋もできるだけ提示できるように試みました。

地質学は、他の科学分野と比べると地味なイメージがあるかもしれません。しかし、我々地質学者は、地層を調べることで過去の気候大変動を知り、生命の繁栄・絶滅の歴史を解明するだけでなく、地球の成り立ち、たとえば巨大な火山噴火や隕石の衝突など宇宙との関係も明らかにしてきました。さらには、地磁気逆転というダイナミックな現象が存在することまでも明らかにしてきたのです。地質学は、物理学、化学、生物学などの分野に関係する事柄も含まれる、じつは広がりのある研究分野なのです。本書を通して、そんな地質学のおもしろさも感じてもらえたら嬉しいです。

それでは、地磁気の謎を解く旅を、まずは「磁石の発見」からスタートしましょう。

地磁気逆転と「チバニアン」 もくじ

第3章 地磁気逆転の発見
——世界の常識を覆した学説

第4章 変動する地磁気
——逆転の「前兆」はつかめるか

第5章 宇宙からの手紙
——それが、謎を解くヒントだった

第6章 地磁気逆転の謎は解けるのか
——なぜ起きるのか、次はいつか 179

第7章 地磁気逆転とチバニアン
——その地層が、地球史に名を刻むまで 209

第1章

磁石が指す先には

——磁石と地磁気の発見

磁石は真北を指さない？

２０１５年12月、私は南極大陸にいました。海岸から１００㎞以上離れた内陸部の山岳地域にキャンプを張り、過去の南極氷床の動きを調べるための調査に向かっていたのです。その日の気温はマイナス15℃程度、ただし風速20ｍ／秒近い強風が吹き、体感温度はマイナス30℃以下にもなる厳しい環境です。この厳しい環境のため、南極にはほとんど植生がなく、地層がそのままの状態で露出しています。地質学の研究には絶好の条件が整っているのです。

かつて氷床に覆われた岩石には、その痕跡がさまざまな「証拠」として残されます。私は氷河から顔を出した岩稜に取りつき、この「証拠」を調べるために岩石サンプルを採取します。

地質学者は、こういった岩石のサンプルを採取するときに、クリノコンパスと呼ばれる方位磁石の一種を用いてサンプルの「向き」と「傾き」を記録します。岩石の表面が何度傾き、北から何度西もしくは東に向く、というように。この方位磁石の記録があれば、持ち帰った岩石サンプルが現地でどのように露出していたのかを復元できるからです。

電子機器が不調を起こす極低温でも、方位磁石の赤い針はしっかりと「北」を指し続けます。GPS（Global Positioning System／全地球測位システム）全盛の現代でも、南極という極限環境下での調査では、方位磁石は最後まで頼りになる相棒なのです。

しかし、このとき一つ重要な注意点があります。それは、南極では磁石の指す「北」と、自転軸と地表との交点、つまり北極を指す真の北（「真北《しんぼく》」と言います）には、大きなズレがあるということです。このとき私が調査をしていた南極内陸部では、方位磁石は真北から西に30度以上も離れた方向を指していたのです。

どうして、南極では方位磁石は北極を指さないのでしょうか？　読者の皆さんの多くは、磁石は「北」を指すと覚えていると思います。しかし、実際の磁石は「真北」を指すことはほとんどありません。南極だけではなく、日本でも4～10度ほど真北から西にズレた方角を示すのです。

なぜ磁石の指す北と真北にはズレが存在するのか？　それが本書のキーワードとなる地磁気逆転に迫る第一歩です。それでは、地磁気の謎を紐解く旅を、まずは「磁石の発見」から始めましょう。

磁石を発見した「羊飼いの男」

西暦79年、イタリア中部のベズビオ山が突然の大噴火を起こし、大火砕流がローマ時代の一大商業都市として栄えていたポンペイの街を襲いました。

ナポリ近郊のローマ艦隊司令官であった大プリニウスは、知人の救助に向かった先で亡くなります。しかし彼は、身の回りの自然を記述した『博物誌』という、今でいう百科事典を残したことや、甥の小プリニウスが一連の噴火活動と大プリニウスが亡くなった様子を克明に記録したことから、後世に知られる存在となりました。彼の功績は、このときのベズビオ山の噴火様式が現在「プリニアン（プリニー式）噴火」と呼ばれることからも推し量れます。

その一方で、大プリニウスが磁石についても詳細に記載したこと、とくに磁石を発見した男「羊飼いのマグネス（Magnes）」について書き残していたことはあまり知られていません。

大プリニウスによると、「羊飼いのマグネス」はかつてのギリシャのイオニア地方、現在はトルコ西部の山岳地帯の羊飼いでした（クレタ島という説もあります）。伝説によれば、マグネスはこの地方のイデ山で羊を放牧しているときに、彼のサンダルの鉄鋲にくっ付く黒い石を見つけます。この黒い石は、足を振ってもなかなか離れず、一歩足を進めるとまた別の黒い石がくっ付きサンダルを重くするのです。この羊飼いのマグネスと鉄に引き寄せられる不思議な黒い石のエピソードが、磁石の発見のストーリーとされています。

イデ山は、古代ギリシャのホメロス神話に登場するトロイの木馬の舞台としても有名ですが、近くにはかつてギリシャ語で「マグネシア（Magnesia）」と呼ばれた地域がありました（ギリシャのテッサリア地方沿岸部にあったその地名にちなんで命名されたと言われます）。ここでは「ロードストーン（lodestone）」と呼ばれる天然の磁石（磁鉄鉱）が多く産出するため、このエピソードから、マグネス、またはマグネシアが、現在の「マグネティック（magnetic／磁性）」

「マグネタイト（magnetite／磁鉄鉱）」の語源となったとされています。

ただし、この磁石発見のストーリーには、別の説もあります。そもそも「Magnesia」の語源となったギリシャ・テッサリア地方のマグネシアが、磁石の発見地であるとするものです。最近発表された論文では、テッサリア地方には純粋な磁鉄鉱の結晶が産出することが報告されています。現在では、磁石発見の地としてはむしろテッサリア地方説のほうが有力かもしれません。

磁石の利用は「風水」から始まった

いずれにしろ、磁石はどうやら地中海文明によって発見されたようです。しかし、「磁石の利用」は、文明の高度化という点で地中海文明に先駆けていた古代中国に始まったようです。

紀元前後には、古代中国において磁石が使われていた記述が古文書中に見つかるようになります。そのおもな用途は、我々の身近に今も生きている占い――「風水」の道具であったようです。

風水では、都市や建物の位置や向きの吉兆を占うため、磁石で方角を調べることがとても大切です。ニュージーランド・ビクトリア大学のギリアン・ターナー（Gillian Turner）博士は著書の中で、中国の都市は、風水をもとに設計されたため、「真北」ではなく、当時の「磁石が示す北（磁北）」に合わせて作られていることを紹介しています。

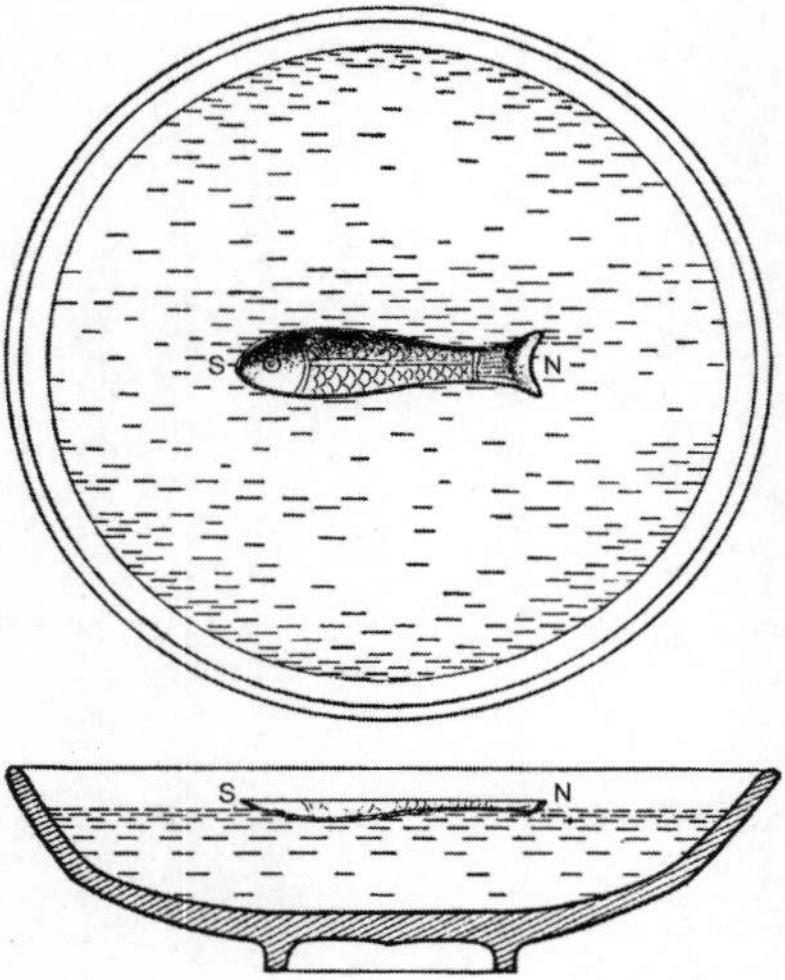

図 1-1　中国で使われていた方位磁石（指南魚）

字のとおり魚の形をした鉄の方位磁石で、水に浮かべると頭が南を指す〈Needham J.（1962）より〉

一方、当時の文明の最先端であった中国にならって作られた日本の平城京や平安京は、なぜか「真北」を基準として設計されています。当時の日本では、磁石ではなく、別の方法で真北を決めて都を設計したようです（*註Ⅰ）。もしかすると、日本ではあまり良質の磁鉄鉱が産出しないからかもしれません。

さて、磁石の能力をもっとも発揮する使い方、つまりナビゲーションツールとしての方位磁石の登場は、さらに北宋（９６０～１１２７年）の時代まで時を下ります。この時代には、中国やユーラシア大陸内部の旅行用だけでなく、すでにある程度完成した航海用の方

*註Ⅰ：ただし、広岡公夫（富山大学名誉教授）によると、一部の古寺の伽藍《がらん》については、磁北を基準として建てられていると考えられます。

位磁石が登場したようです。北宋の時代に活躍した沈括《しんかつ》の『夢渓筆談《むけいひつだん》』という随筆集には、方位磁石の特徴から糸で吊るすタイプの方位磁石の製作方法までが説明されています。さらに、同時期の文献には、魚の形をした鉄を加熱し、人工的に磁石の性質を持たせて方位磁石を製作する手法まで記載されており（図１－１）、当時の技術の高さを知ることができます。

大航海時代の幕開け

それでは再びヨーロッパに目を向けましょう。じつは中国で先に利用が始まった方位磁石が、どのようにヨーロッパにもたらされたのかははっきりしていません。少なくとも12世紀には、神学者のアレクサンダー・ネッカム（Alexander Neckam）が航海用のナビゲーションツールとして方位磁石を紹介しており、すでにその頃のヨーロッパでは、航海に方位磁石を使うことが一般的になっていたようです。

その一方で、方位磁石はヨーロッパで独自に発明されたという可能性も指摘されています。この説の証拠として、中国の伝統的な方位磁石は南を指すのに対して、ヨーロッパの方位磁石は北を指すという違いがあります。いずれにしろ、方位磁石の発明は、ヨーロッパにおいて大航海時代到来のきっかけとも言える重要な一歩になりました。それまでの船舶は、海岸線が見える範囲で、それに沿って船を進めねばならなかったのに対して、方位磁石を使うことで船舶は海岸線か

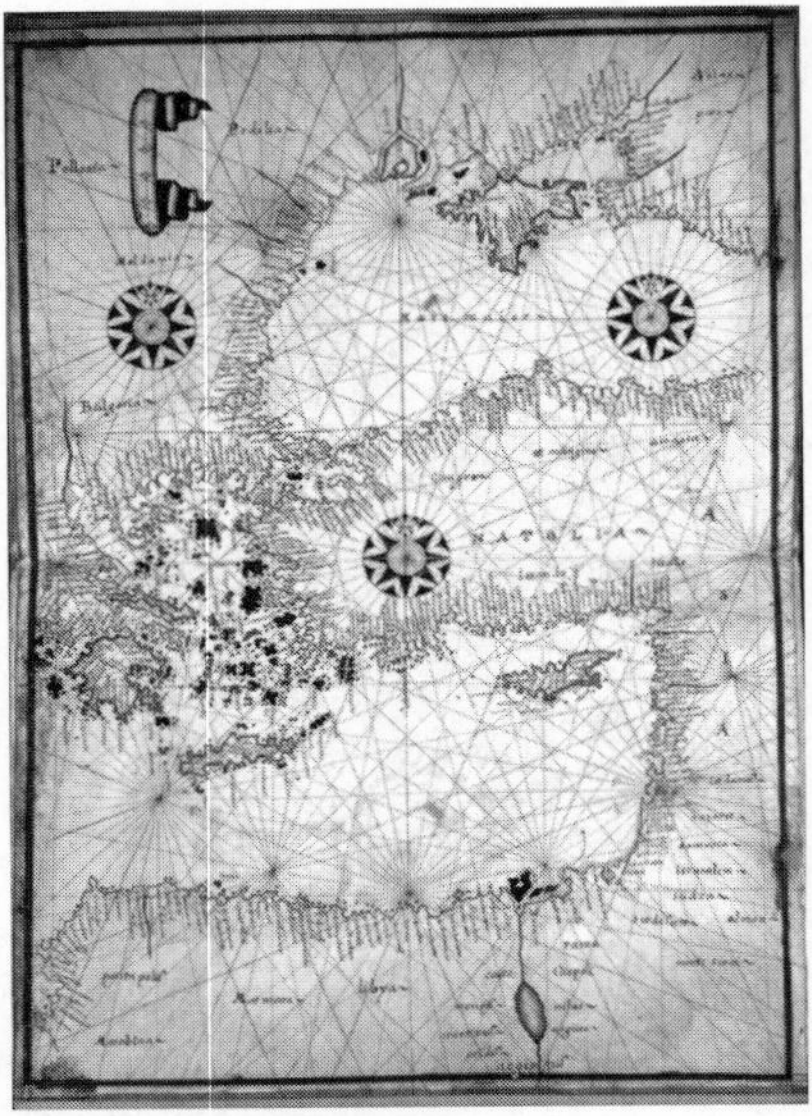

図1-2　羅針儀海図
地中海東部を中心に描かれた図。地図上の細い線が等角航路を示している〈Gillian Turner『North Pole, South Pole』より〉

ら遠く離れて航海をすることが可能となったからです。

ナビゲーションとして利用する

さて、方位磁石はもちろん方位を示すものですが、GPSと違って、方位磁石自身の位置を知ることはできません。したがって、紀元前より知られていた北極星やその角度から北の向きや航海者の緯度を知ること以上には、方位磁石を使っても得られる情報は多くないのです。正確な時計がないかぎり（大航海時代にはありませんでした）、北極星の角度や方位磁石のみからは位置を決定することはできないのです（もし正確な時計が存在すれば、2地点において同じ星が同じ向きを示すときの時間差によって、観測者の位置、すなわち経度を知ることができます）。

しかし、「等角航路」と呼ばれる航路を使った新しい航海術の登場によって、この状況は大きく変わることとなりました。等角航路とは、進行方向と経線（この当時は方位磁石が指す北、「磁北」）が一定の角度を保つ航路のことです。この航路をまとめたものを「羅針儀海図」（図1-2）と呼びます。

等角航路はメルカトル図法（地球儀を円筒に投影したもので、経線はすべて直線、緯線も経線に直交する平行直線として表示する図法）において直線として表示されます。目的地までの距離や現在位置にかかわらず、「磁北」に対して常に同じ方向に進むことで、最終的には目的地に到着することができるのです。

この航海術によって、航海士たちは海岸線に常に気を配ることから解放され、海岸線から遠く離れた外洋を航海することが可能となりました。この結果、15世紀にはヴァスコ・ダ・ガマによってアフリカ航路が開拓され、コロンブスによって新大陸が発見されるに至ったのです。

偏角と伏角

この時代のもう一つの大きな発見は、冒頭でお話ししたように、方位磁石が「真北」を指さず、やや偏った方角（磁北）を指すことです。今日、この偏りのことを「偏角」と呼び、観測点において、真北に対して磁北が東西にずれる水平成分のことを指します（図1-3）。

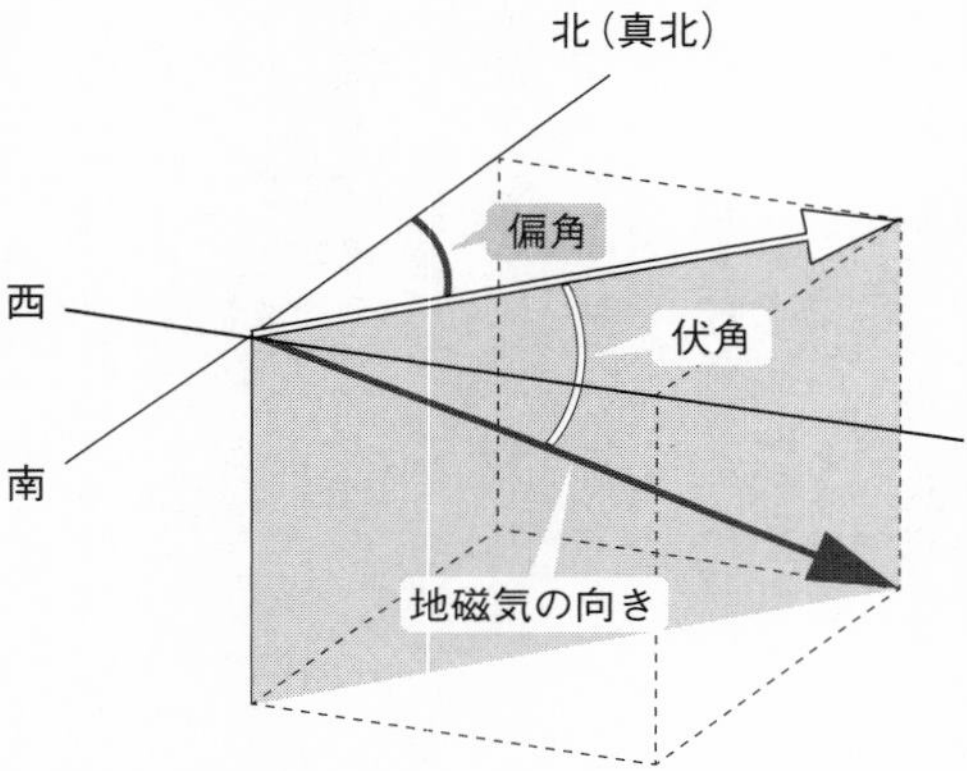

図1-3　偏角と伏角
偏角は、水平面において真北と磁北がなす角度。伏角は水平面と地磁気の指す方向がなす角度を示す

この磁北の偏りは観測点の位置によって変化するので、観測者が移動すると、偏角も変化します。たとえば、コロンブスがアメリカ大陸に向かった航海の際、船の航海士は、磁北が北極星の位置から明らかに離れた位置を示すことを報告しています。しかしコロンブスは、この磁北の偏りは、これまでに知られていない北極星の動きであると説明したと言われます。

ですが実際には、コロンブスが大西洋を渡ってヨーロッパからアメリカ大陸まで旅する間に、偏角が東向き10度から西向きの10度に変化したことによるものだったのです(この現象については、次章で詳しく説明します)。

一方、方位磁石には水平成分だけでなく、垂直の成分があることも、やや遅れて明らかになってきました。これは現在「伏角《ふっかく》」と呼ばれるものです(図1-3)。伏角を簡単に感じる方法は、北半球と南半球において「磁石が垂直方向に動く向き」に注目することです。方位磁石は北半球において下向き、南半球においては上向きになり、赤道では水平となります（少しややこしいですが、伏角が発見されたのが北半球だったためか、伏角は下向きが正、上向きが負で表現されます）。

伏角は、１５８１年にロバート・ノーマン（Robert Norman）によって最初に記述されました。彼は、水に浮かせた方位磁石を使って画期的な実験をおこなったのです。

まず水を満たしたワイングラスの中に、方位磁石を刺したコルクを浮かせます（図１‐４）。このとき、コルクを水面ではなくちょうど水中に漂う形で浮かせること（中性浮力）がポイントでした。

図1-4　ロバート・ノーマンによる伏角の実験
水で満たしたワイングラスの中に方位磁石を刺したコルクを浮かせ、その場所の伏角を測定した〈Gillian Turner『North Pole, South Pole』より〉

この結果、彼は方位磁石がほぼ真北を指すと同時に（このときのイギリスの偏角は非常に小さかったのです）、下向きに約72度も傾くことを発見したのです。この優れた実験は、ヨーロッパが中世の暗黒時代を抜け出て、芸術と科学が花開く時代を迎えるきっかけになったとも言われています。

普段、我々は伏角の存在を認識すること

はありません。しかし、じつは日本で売られている多くの方位磁石は、最初から北半球用に針の重さが調整されています。つまり、北向きに傾く方位磁石を調整するために、方位磁石の南側を少しだけ重くしてあるのです。このため、上向きの伏角が大きい南半球の高緯度で日本の方位磁石を使うと、方位磁石は大きく南側に傾いてしまって水平を保てません。そこで、たとえば私が南極で調査をするときには、方位磁石を分解し、方位磁石の北側に銅線を巻きつけるなどして重さを調整して使っています。

「地球は一つの大きな磁石である」

大洋を航海するナビゲーションツールとしての地位を確立した方位磁石ですが、そこから方位磁石を動かす原動力である地磁気（地球の磁場）の存在にたどり着くまでには、大きな発想の飛躍が必要でした。いち早く磁石の存在や有用性に気づいた中国やギリシャでも、当時、磁石や地磁気の性質に思想を十分に深めることはなかったようです。磁石の性質を突き詰めることで、地球が大きな磁石であるという発想にたどり着くまでには、16世紀を待たねばなりませんでした。

そして、ここで登場するのが「磁気学の父」と呼ばれるウィリアム・ギルバート（William Gilbert）です（図1-5）。

ギルバートの誕生年には諸説ありますが、出身はイギリスのコルチェスター（Colchester）であるのは間違いなさそうです。ギルバートはケンブリッジ大学で高等教育を受け、１５６９年には医学の博士号を取得しました。その後はヨーロッパを周遊し、１５７３年にはロンドンに戻ったようです。１６００年にイギリス女王エリザベス１世の侍医になった彼は、同時に歴史に残る名著『磁石論（De Magnete, Magneticisque Corporibus, et de Magno Magnete Tellure）』を出版しました。この本は「磁石及び磁性体ならびに大磁石としての地球の生理」と訳され、現代英語にも翻訳されています。ギルバートは当代一の医学者でしたが、彼の情熱はじつは磁石の研究に注がれていたようです。

図1-5　ウィリアム・ギルバート
磁石と地磁気に関する数々の重要な発見をし、「磁気学の父」と呼ばれる

ギルバートは、まず初めに実験のための「球体の磁石（*註2）」を用意しました。実験をもとにして科学的な事象を調べるというギルバートのスタイルは、現在では至極当たり前ですが、中世の香りが残るこの時代においてはとても画期的なことであり、また危険なことでもありました。この当時、世界ではまだ「聖書に書かれていることが真理」であり、それに反するような科

学的な事実を明らかにすることは、聖書が間違っていると主張することと同義だったからです。実際に、ギルバートと同時期を生きた科学者は、常にカトリック教会による弾圧の危険にさらされていました。たとえば天文学者のガリレオ・ガリレイは、コペルニクスの地動説を支持しただけでなく、ギルバートの磁石論を読み、その内容を支持していたことも、異端審問によって有罪とされる原因となったのです。

さて、ギルバートは「球体の磁石」を使っていくつもの重要な発見をしました。まず最初の発見は、磁石は加熱すると磁気的な性質（磁性）を失うこと、2つに分割するとそれぞれが1つの磁石となることでした。これら2つの発見は、磁石の性質を表すもっとも重要な特徴ですが、彼はさらに実験を進めることで、地磁気の謎を解くうえでも非常に重要な事実に気がつきました。

それは、「球体の磁石」の少し上に小さな磁石を置くと、地球上で観測される伏角の変化と同様に、その磁石の傾きが緯度とともに変化するということです（図1-6）。この実験を通して彼は大きな発想の飛躍を遂げ、とても有名な言葉を残しました。

「地球は一つの大きな磁石である（The Earth is a great magnet）」と。

*註2：本書では、これまでとくに断りなく「磁石」という言葉を使ってきましたが、これは正確には「永久磁石」を指しています。「永久磁石」は、電磁石などと異なり、外部からのエネルギー供給がなくとも磁石の性質を長い期間持ち続ける物体のことを指します。

余談ですが、ギルバートは定期的に知人を自宅に招待し、科学や哲学の話題について議論をしていました。このようなサロンは、後年イギリスで重要な位置を占めることになった王立協会の先駆けになったとも言われています。カトリック教会の弾圧を受けた同時期のヨーロッパ各地の科学者と異なり、ギルバートが無事に科学的な活動を進められたのは、慎重な彼の性格とともに、すでに中世の雰囲気を脱しつつあったイギリスに住んでいたからかもしれません。

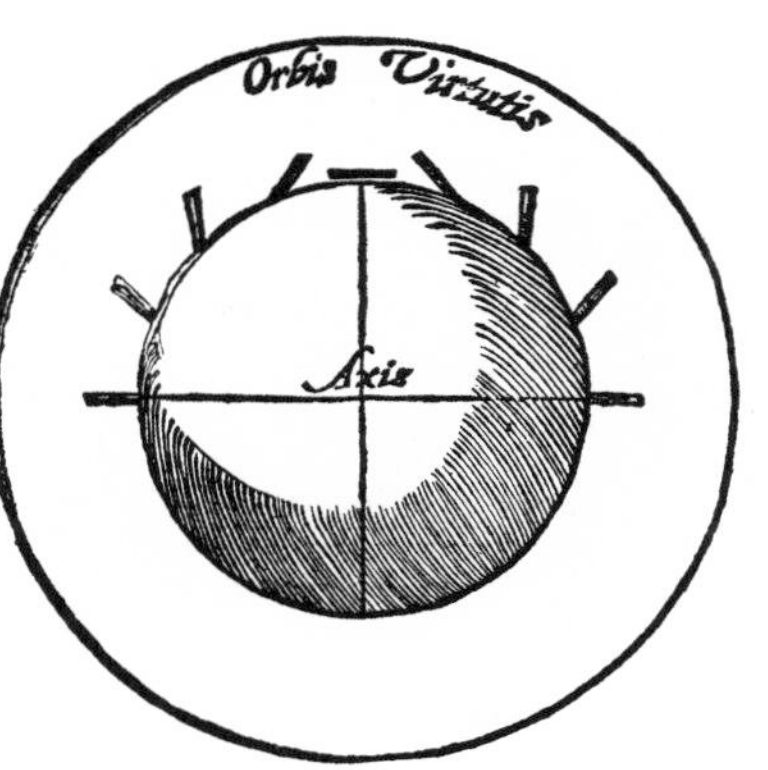

図1-6　ギルバートが示した「球体の磁石」上に鉄針を置いた状態
球体の磁石の上に小さな鉄針（図中では細い棒状のもの）を置くと、緯度とともに鉄針の傾き（伏角）が変化した　〈William Gilbert『De Magnete』より〉

揺れ動く磁北

「球体の磁石」実験によって、地磁気伏角が緯度によって異なることを説明したギルバートですが、真北と磁石の指す磁北のズレである「偏角」の意味についてはどのように考えていたのでしょうか？

もし、ギルバートが想定したように、地磁気の存在が、地球自体が完全な球体の磁石であることによって説明されるのであれば、地球上のどこでも方位磁石は「真北」を指し、真北に対する磁北の水平成分の偏りである「偏角」は存在しないはずです。しかし、彼が各地から収集した偏角の記録は、大西洋両岸で東西に最大13度もの偏角が存在することを示していました。さらに高緯度のノルウェーに至っては偏角が30度にも達していたのです。これは、ギルバートが想定した「地球＝球体の磁石」と矛盾します。

そこでギルバートはこの現象について、大西洋を挟む両大陸の持つ磁場が影響しているという仮説を提唱しました。つまり、「球体の磁石」が示すように地球そのものが源である地磁気に対して、地球の表面から盛り上がった大陸が局所的な磁場を発生させているため、その影響を受けて大西洋を境に両大陸に向かうにつれて偏角が大きくなると考えたのです。この仮説が正しければ、大陸の配置が不変である限り、地磁気偏角は変化しないことになります。

ところが、ギルバートが亡くなって十数年後の１６２２年、ロンドン天文台のエドムンド・ガンター（Edmund Gunter）は、１５８０年には11度20分だったロンドンの地磁気偏角が、このときには６度に減っていることを発見しました。これは驚愕の事実です。不変であるはずの偏角が、わずか40年あまりの間に５度以上も変化していたのです。さらに１６３４年には、ロンドンの偏角は４度６分にまで減少し、偏角が変化していることが確実になりました。そして17世紀に入ってもロンドンの偏角は西へと移動し続けたのです（図１-７）。

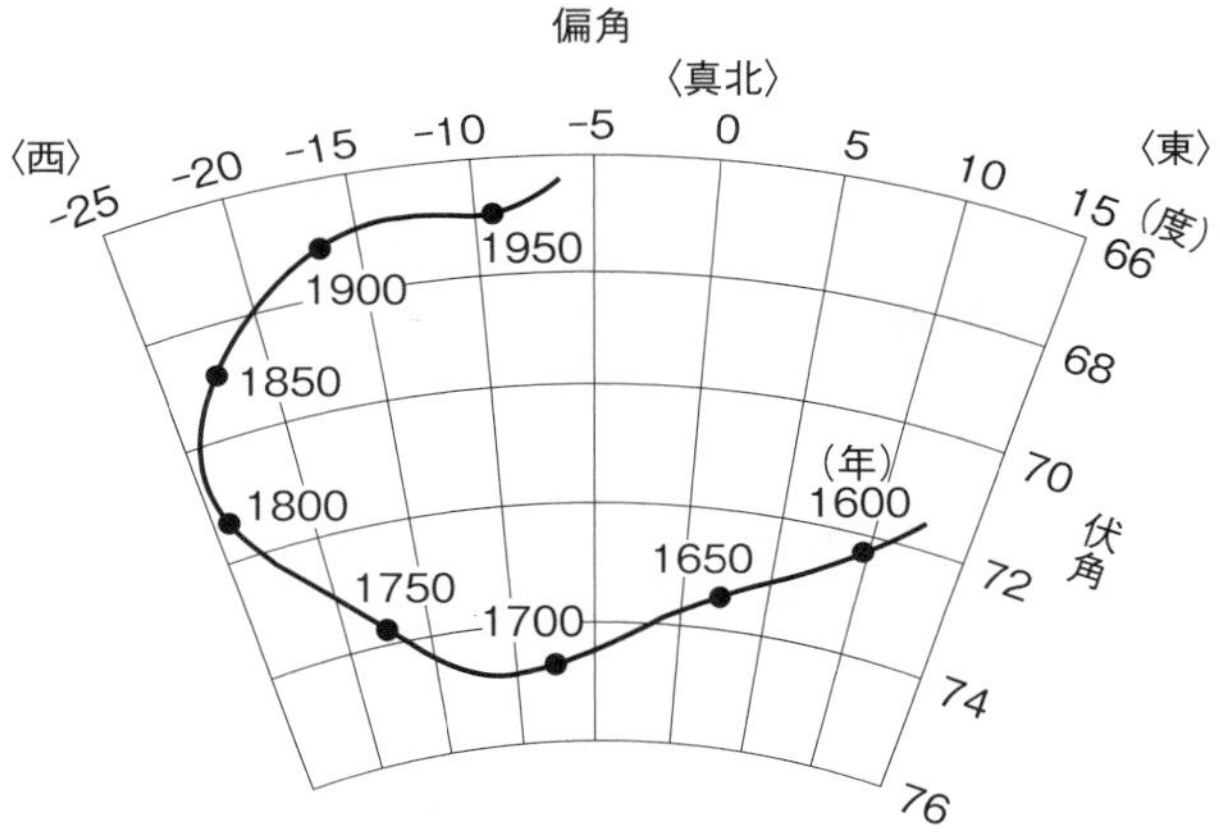

図1-7　ロンドンにおける偏角・伏角の移動記録
1580年以降の、偏角・伏角変化の様子　〈Robert F. Butler『Paleomagnetism：Magnetic Domains to Geologic Terranes』より改変〉

一方、この間に大西洋の対岸の地磁気偏角は西向きから東向きに変化しました。大西洋を挟んだ両側の地磁気偏角は、ギルバートの頃とまったく反対向きになってしまいます。こうして、大陸の局所的な磁場が地磁気偏角の原因ではないことは、誰の目にも明らかとなりました。

その後、時代を経て続けられた地磁気の観測によって、偏角は常に変化し続けることが確実になります。また、じつは伏角も大きく変化をしていることが観測され、地磁気の形そのものが時間と共に大きく変化し続けていることがわかったのです（図1-8）。つまり地磁気は、大局的には地球を大きな磁石と見立てることで説明がつきますが、地球自体は不変である「球体の（永久）磁石」ではない

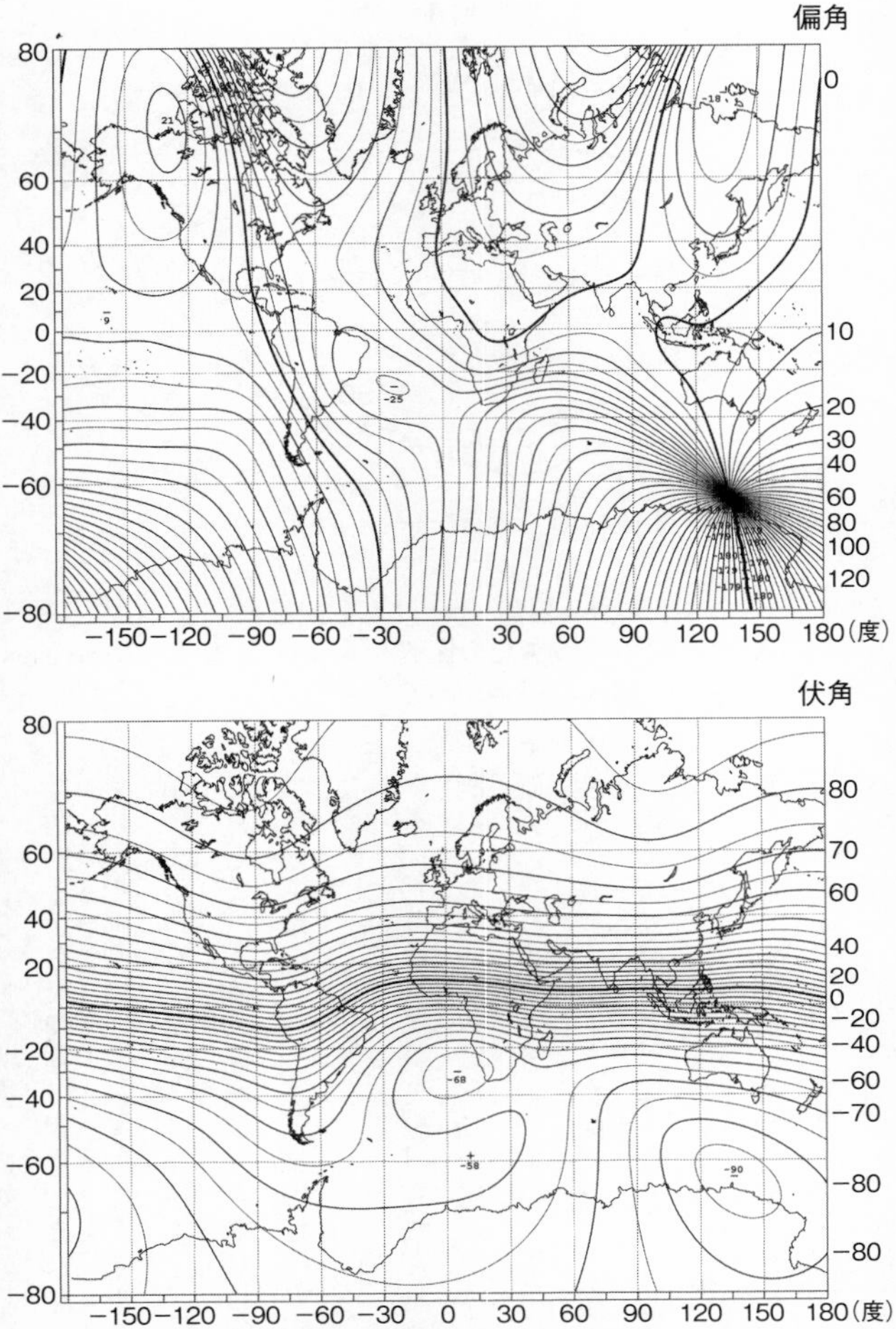

図1-8　現在（2020年）の偏角と伏角
偏角も伏角も時間と共に変化するために、随時更新されている　〈地磁気世界資料解析センターHPより改変〉

ことが明らかになりました。現在、このように地磁気の形や強さ自体も時間と共に変化することを「地磁気永年変化」と呼びます。

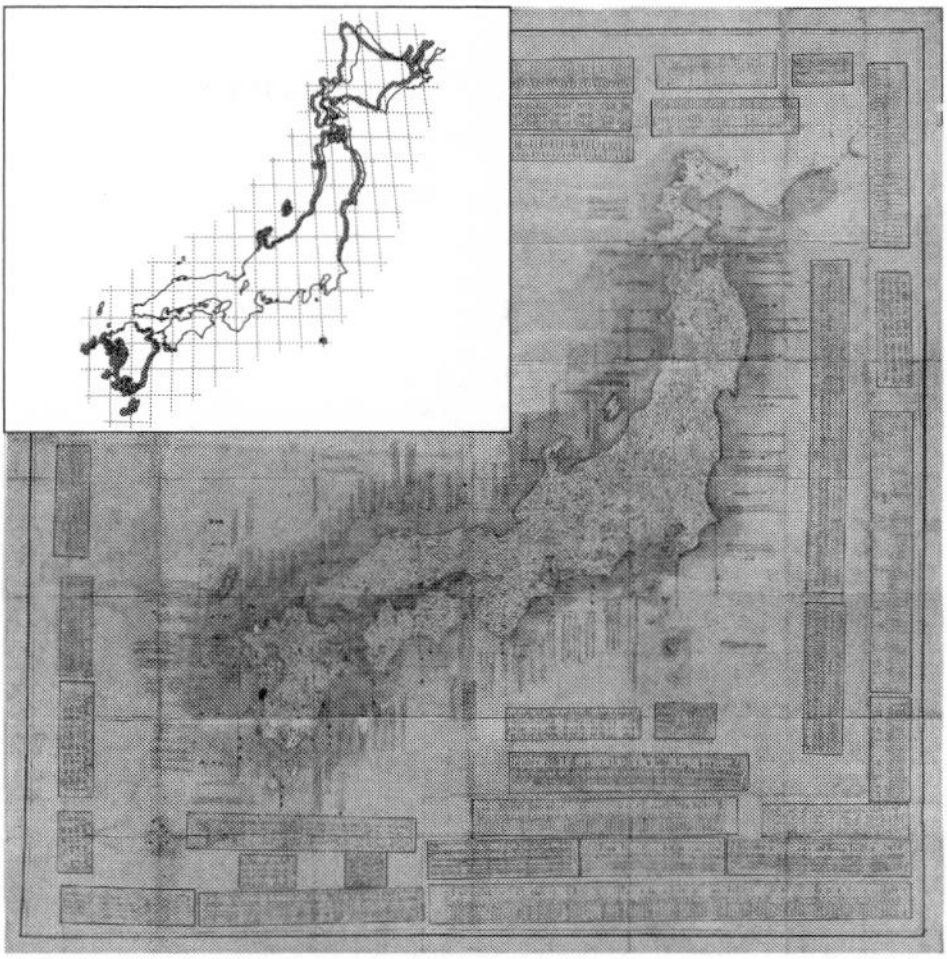

図1-9　伊能忠敬が記した「日本国地理測量之図」と、現在の地図との比較（左上）
現在の日本地図と比較しても大きなズレはなく、ほぼ完璧に近い日本列島が表現されている〈所蔵：国立公文書館／左上の図は東京地学協会編『伊能図に学ぶ』（朝倉書店）より改変〉

伊能忠敬はなぜ完璧な地図を描けたのか？

江戸後期に生まれた伊能忠敬は、今でいう定年退職後に測量技術を身につけ、日本列島を旅することで精巧な日本地図を作成しました。このとき彼が用いた測量道具には、もちろん方位磁石が含まれています。

図1-9は伊能忠敬が作成した日本地図です。これを見ると、伊能忠敬の作成した日本地

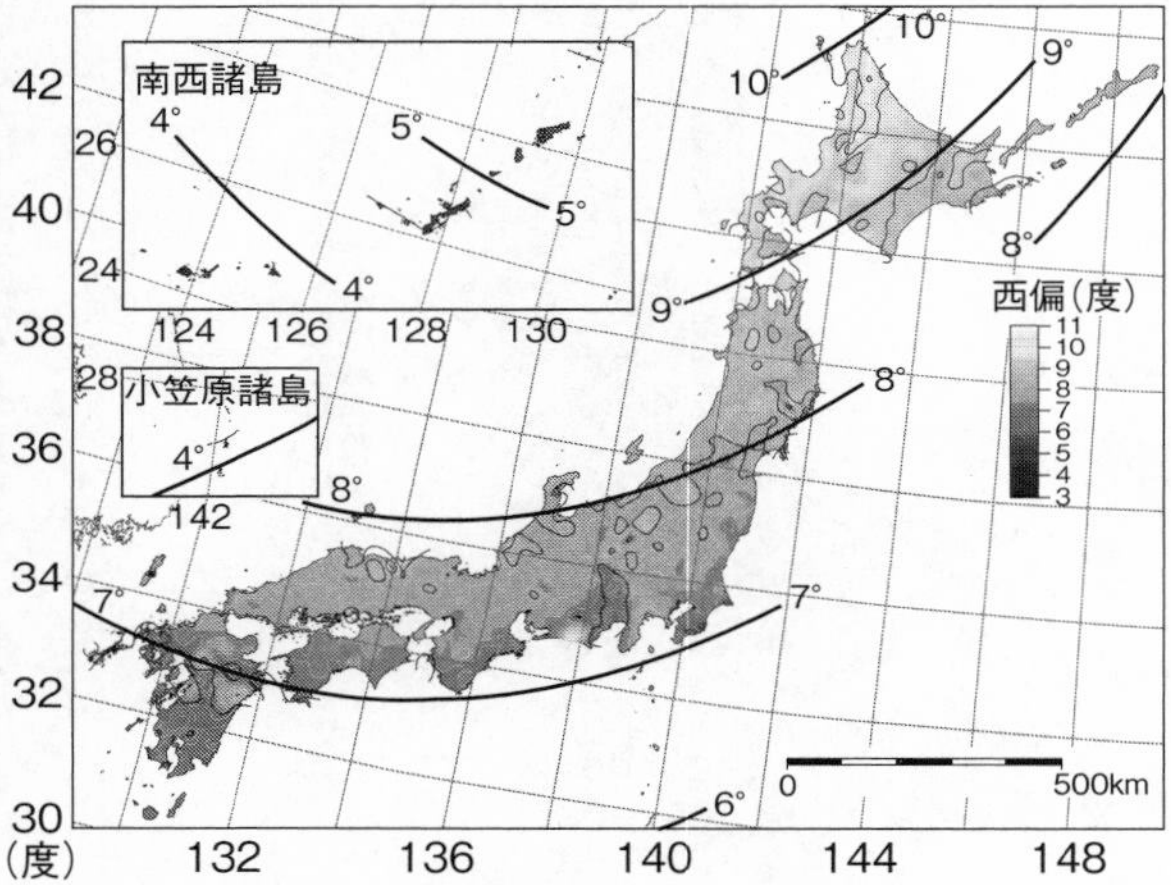

図1-10　2015年における日本列島の地磁気偏角図
沖縄から北海道にかけて、4～10度ほどの西向きの偏角があることがわかる　〈国土地理院「磁気図（偏角）2015年値」より改変〉

図がいかに素晴らしい完成度を持つかがわかります。

なぜ彼は、偏角の影響を受けずに精密な日本地図を描くことができたのでしょうか？　現在の日本列島では、沖縄から北海道にかけて約4度から10度ほど西向きの偏角があります（図1-10）。そのため、磁北だけを頼りに地図を作成したら、日本列島の形には歪みが生じる可能性があるのです。

しかし、ここには驚くべき偶然がありました。じつは伊能忠敬が日本を測量した時代、日本列島の偏角はとても小さく、とくに江戸では0度に近い値であったようなのです（図1-11）。伊能忠敬は、偏角の存在を知っていたようです

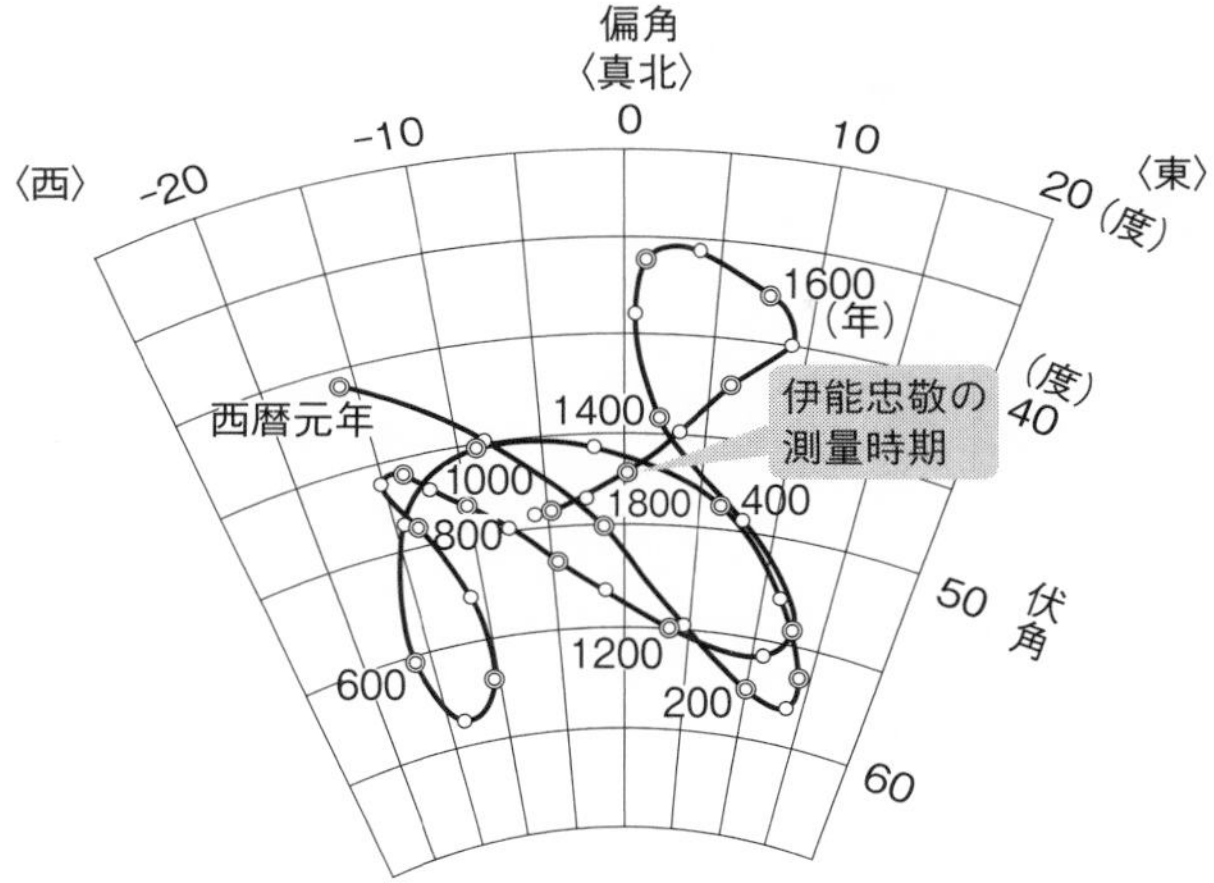

図1-11　西南日本における過去2000年間の偏角・伏角の移動
古地磁気（後述）の記録から推定した過去2000年間の偏角・伏角の移動　〈広岡（1977）より改変〉

が、少なくとも当時の日本では、偏角を考慮しなくても精密な日本列島を描くことができたのです。

オーロラが示した地磁気の変動

さらには最近、平安・鎌倉時代の京都でも、地磁気の形が現在と異なっていたことを示す証拠が報告されました。歌人の藤原定家が書き残した『明月記《めいげつき》』には、１２０４年に京都で「赤気《せっき》」が見え、「山の向こうに起きた火事のようで重ね重ね恐ろしい」という記述があるそうです。これについて、国立極地研究所の片岡龍峰博士は、当時の地磁気をシミュレーションし、藤原定家が見た「赤気」がオーロラに由来することを明らかにしました。そもそもオーロラは「オーロラ帯」と呼ばれる地磁気伏角の大きなエリアで見られる現象ですが、当時の地磁気の形は現在と異なり、北半球では現在、北欧やカナダなどでしか見ることのできないオーロラが、平安・鎌倉時代には日本からも見ることができたことがわかったのです。

このように、地磁気はギルバートが考えたように、地球が球体の磁石とすると大局的な説明はつきます。しかし、それは不変ではなく、時代と共に大きく変化するものでもあることが明らかになりました。つまり、地磁気は「球体の（永久）磁石」から生じるのではなく、別のメカニズムによって発生しているはずなのです。そして、この別のメカニズムが偏角や伏角、そして地磁気の強さ自体を時間とともに変化させているのです。次章では、地球内部構造の解明の歴史をたどりながら、地磁気発生のメカニズムについて紹介していきましょう。

第2章

地磁気の起源

——なぜ地球には磁場が存在するのか

地磁気を〝視る〟生物

世界には本来の生息地を離れ、はるか遠くまで旅する動物がいます。サケやアオウミガメは川や砂浜で生まれてすぐに海に下り、大海原を何千km も旅しますが、数年後には産卵のために生まれた場所に帰ってきます。また、蜂や蝶などの昆虫にも、その小さな体からは信じられないような長距離を旅する種がいることが知られています。彼らがどのように目的地への道筋（ルート）を知るのかは、長い間、生物学における大きな謎でした。しかし、いまでは彼らが太陽、星、地上の目印、匂い、さらには地磁気を頼りにして正しいルートを知っていることがわかりつつあります。

ヨーロッパコマドリは、北欧の厳しい冬から逃れるため、ヨーロッパを縦断して地中海を目指します（図2-1）。中には地中海を飛び越えて、遠く北アフリカまで到達するグループもいるそうです。1960年代、ドイツ人鳥類学者のヴィルチェコ夫妻は、画期的な実験をおこない、ヨーロッパコマドリなどある種の渡り鳥が地磁気を感知して飛行していることを明らかにしました。夫妻は、地磁気を遮断した部屋にヨーロッパコマドリを入れ、そこに地磁気に似た人工的な磁場を与え、その向きや強さを変化させたのです。すると、ヨーロッパコマドリは磁場の発生と同時に落ち着きをなくし、人工的な磁場が作り出した「渡り」の方角へと集まったのです。

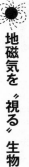

当時はまだ「生物が地磁気を感じる力」はある種の疑似科学と考えられていた時代であり、ヴィルチェコ夫妻の研究は大きな議論を巻き起こしました。ですが現在、こういった研究分野は「量子生物学」という新しい学問へと発展し、生物が地磁気を感知する能力についての理解も深まっています。最新の研究によると、ヨーロッパコマドリの目の中では、地磁気に反応する生化学的反応が起きていて、それを視覚的に感知できるようなのです。つまり彼らは、文字どおり地磁気を〝視て〟飛ぶのです。

図2-1　地磁気を感知して移動する ヨーロッパコマドリ
目の中に地磁気に反応する受容体があり、地磁気を視覚的に感知しているという

さらにカルフォルニア工科大学教授の（東京工業大学地球生命研究所でも特任教授を務める）ジョセフ・カーシュビンク（Joseph Kirschvink）らは、人間にも地磁気を感じる能力があることを実験的に確かめようとしています。

その手法は、磁場や電波を完全に遮断した環境を作り、そこで作り出す人工的な磁場に対する人間の脳の反応を調べるというものです。カーシュビンク教授は、原始的な人間にとって地磁気を感じる能力は生存競争において有利に働いたはずだと考えているのです。

スマートフォンにもGPSが搭載される現代において、我々が地磁気の大切さを実感する機会はほとんどありません。しかし地磁気は、こうして生物にも影響を与えていることがわかりつつあります。さらに地磁気は地球表層環境を守るバリアとしても働いており、その「揺らぎ」は現代生活にも影響を与えます。本章では、地磁気の成り立ちや地球の内部構造解明の歴史から、最新のスーパーコンピュータを使った地磁気シミュレーションの成果までを駆け足で紹介したいと思います。

ガウスが開発した「地磁気を測る」方法

ギルバートの次に磁石や地磁気の謎の解明に大きく寄与したのは、数学者のガウスです。ここで改めて説明するまでもなく、ガウスは数学の大天才としてよく知られていますが、地磁気の研究についても大きな貢献をしています。

1777年、ドイツのブラウンシュヴァイクの比較的貧しい家に生まれたガウスは、若くして圧倒的な数学の才能を発揮します。とても有名なエピソードですが、彼は小学校の算数の授業で、「1から100までの整数をすべて足しなさい」という問題（等差数列の和）に対して、〈1＋2＋3＋……＋98＋99＋100＝(100＋1)×100÷2＝5050〉という数式を考え、一瞬で解いてしまいます。その後、地元有力者の支援でゲッティンゲン大学に進学したガウスの才能は大きく開花し、最小自乗法など現代でも使われる多くの重要な数学的発見を成し遂げました。

１８３０年代、ゲッティンゲンの天文台長となっていたガウスは、地磁気の起源についての研究に取り組みます。まずガウスは、棒磁石が生み出す正と負がセットの磁場（これを「双極子」と呼びます）が、距離（ｒ）に対して$1/r^3$で弱まっていくことに着目します。さらに、地磁気の形を、双極子に加えて、地磁気の強さが$1/r^4$で弱くなる「４重極子」、$1/r^5$で弱くなる「８重極子」などの多重極子を重ねあわせて表現することを思いついたのです。

そして、ガウスはこの方法を使って世界中で測定された地磁気データを解析し、地磁気のおもな成分が宇宙空間ではなく、地球内部に由来することを証明しました。さらに、地磁気の８割程度の成分は、地球内部を起源とする双極子磁場で説明できることを明らかにしたのです（図２-２）。つまり、地球はギルバートが考えたような「球体の（永久）磁石」ではありませんでしたが、やはり大きな、ただし「揺れ動く磁石」だったのです。

また、ガウスは地磁気の強さ（地磁気強度）を正確に測定する装置も開発しました。この装置は瞬く間に世界中に広まり、１８４０年代には世界中で連続的な地磁気観測がおこなわれるようになりました。日本でも、やや遅れて１８８３年に東京で地磁気観測が開始されています。ですが、その後東京がめざましく発展するにつれて、東京都心での地磁気の観測は難しくなります。

路面電車が走り回る都内は、磁気的なノイズが強すぎたのです。そこで1913年以降は、茨城県石岡市の柿岡に移設された地磁気観測所で、現在まで100年以上も地磁気の観測が続けられています。

その後、ガウスがきっかけとなって始まった世界に広がる地磁気観測ネットワークは、とても重要な現象を明らかにすることになります。それは、1830年代の観測開始以降、地磁気強度が徐々に、しかし一貫して弱くなり続けているという事実です。もし、この地磁気強度がこのまま低下し続ければ、今から1000~2000年後には地磁気はゼロになってしまいます。これは本書のメインテーマでもある地磁気の最大の謎、「地磁気逆転」を考えるうえでも、非常に重要な事実ですので、第4章以降で詳しく紹介したいと思います。

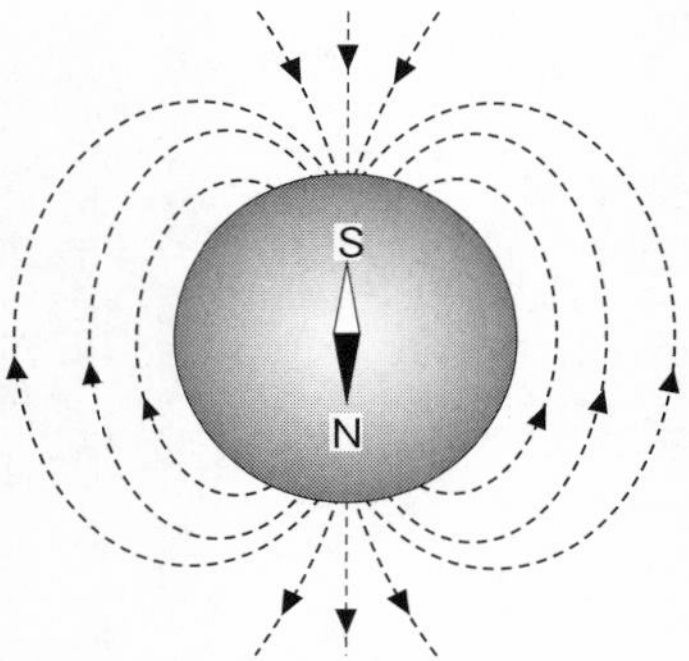

図2-2 地球の双極子磁場
地球内部を起源とする地磁気は、おおよそこのように双極子磁場となっている

ファラデーが確認した「見えない力」

さて、ガウスの功績によって、地磁気のおもな発生源は地球内部であることはわかりました。

しかし、日々刻々と揺れ動く地磁気は、ギルバートが考えた「球体の（永久）磁石」では説明できないことも同時にハッキリしてしまいました。それでは、地磁気はどのようなメカニズムで発生しているのでしょうか？　地磁気発生メカニズムの謎へのチャレンジには、長い時間と多くの科学者の貢献が必要となりました。その歴史を紐解くため、まずファラデーの電磁誘導の実験を振り返ってみましょう。

ファラデーは19世紀を生きたイギリスの科学者で、実験科学の大巨人です。彼の師匠で、自身も著名な化学者であったハンフリー・デービーが「私の最大の発見はファラデーである」と言い残したほど優れた業績を残したファラデーですが、敬虔なキリスト教徒でとても謙虚な人物であったようです。ファラデーの業績はガウス以上ともいえ、それを説明するだけで一冊の本が必要になってしまいますが、ここでは「電磁誘導の実験」にのみ焦点を当てましょう。

ファラデーはまず、デンマークの科学者であるエルステッドが先に発見していた電気と磁気の関係に注目します。エルステッドは、電線に電流を流すとその近くにあるコンパスの針が動くという大発見をしましたが、この現象に十分な説明を与えることはできませんでした。そこでファラデーは、改めてエルステッドの実験を自分なりに再現し、そこで発想の大きな飛躍を遂げます。それは、電線のまわりには円形に広がる「見えない力」が存在し、その力が作用してコンパスの針を動かしているというものでした。

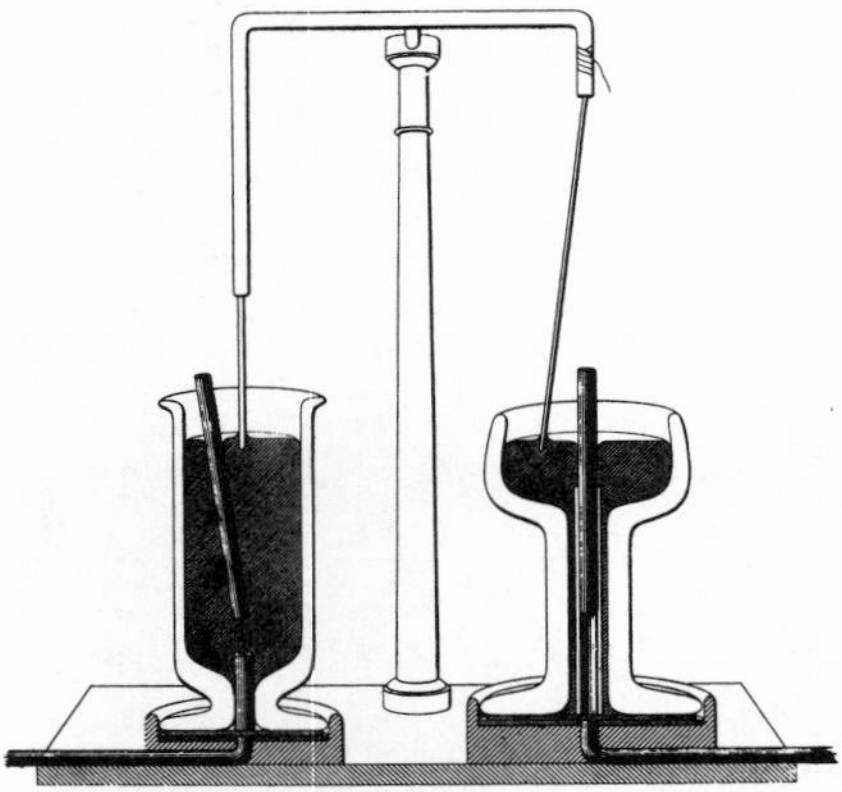

図2-3　ファラデーが製作した新しい実験装置
2つの器の中には水銀が入っており、その中に磁石を刺し、上から針金（銅のワイヤー）を降ろす。電流を流すと、右側では固定した磁石のまわりを針金が回転し、左側では固定した針金のまわりを磁石が回転する
〈Michael Faraday『Experimental Researches in Electricity』, vol.2, Richard and John Edward Taylorより〉

ファラデーはこの発想を確かめるために、新しい実験装置を製作します（図2-3）。まず電気を通す性質を持つ水銀と、磁石、そして器を用意します。そして、水銀を満たした器の中央に磁石を立て、水銀中に浸るように針金を降ろしたあとで、針金と水銀を伝わるように電流を流します（図右側）。すると、電流によって生じた力が磁石と作用して、針金が磁石の周囲を回転し始めたのです。ファラデーはこの実験から、電流によって「磁場」が作られることを確認したのです。

その後、師匠であるデービーとの関係悪化などから電気と磁気の研究から離れていたファラデーですが、約10年後に再び実験を始めます。彼は中空の鉄管とその外側に電線を巻いた「コイル」を2つつなげたものを用意します（図2-4）。そして、片方のコイルに電流を流すと、もう一方のコイルにもわずかに電流が流れることを明らかにします。その上ファラデーは、コイルに磁石を入れるとわずかながら電流が流れることも発見しました。さらに興味深いことに、コイルに入れる磁石の向きを逆にすると、今度は逆向きの電流が流れたのです。

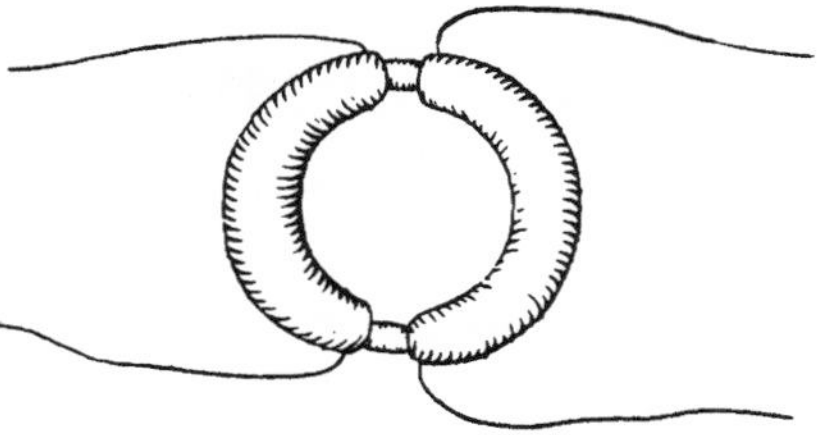

図2-4　ファラデーが用意した、コイルを２つつなげたもの
中空の鉄管の外側に、電線が巻いてある
〈Michael Faraday『Experimental Researches in Electricity』, vol.2, Richard and John Edward Taylorより〉

これらの実験は、電気は磁場を生むのと同じく逆の現象も存在すること、つまり「磁場は電気を生む」ことを示していました。これが今日「電磁誘導」と呼ばれる現象であり、ファラデーがこのときに作った装置は、現代の発電機に発展していくことになります。

その後、ファラデーが明らかにした電気と磁気の関係を、イギリスの科学者マクスウェルが数学的に記述することで「電磁気学」が成立していくことになります。ファラデーやマクスウェルの業績や電磁気学の詳細については専門書に譲るとして、ファラデーら偉大な先人の発見は、時代を経て「地磁気の原動力」を説明する「ダイナモ理論」へと発展していきます。しかし、そこに至るためには地球の内部構造の理解の進展を待たねばなりませんでした。

きっかけは、東京で起きた地震だった

古代ギリシャより、科学者は夜空を眺めて宇宙の成り立ちに想像を巡らせるとともに、地球そのものを理解することにも力を注いできました。しかし、コペルニクスによって地球が太陽のまわりを回る惑星の一つであることが発見され、ケプラーによる惑星楕円軌道の解明やニュートンによる万有引力の発見があったのちも、地球内部の構造についてはほとんど何もわかっていない状態が長く続いていました。19世紀の後半に至っても、科学者が知っていることといえば、地球は岩石よりもはるかに密度の大きい、おそらく鉄のような物質からできているということ、そして、地球内部には地磁気を発生させる「何か」があることだけだったのです。

そんな状況を打破したのは、意外にも明治22年に東京で起きたある地震でした。

1889年（明治22年）の4月18日、ドイツの天文学者レボイル・パシュウィッツ（Ernst von Rebeur-Paschwitz）は、ポツダムに設置した傾斜計の記録に異常な振動が観測されていることを見つけます。当時彼は、月や太陽に由来する潮汐力を調べるために非常に精密な傾斜計を開発し、観測を開始したばかりでした。パシュウィッツは、ウィルヘルムスハーフェンという場所にも設置した傾斜計を確認すると、やはり同様の振動がわずかな時間差をもって観測されていたの

です。

しばらくの間、彼はこの奇妙な振動の原因がわからずにいましたが、２ヵ月後に科学誌『ネイチャー（Nature）』に掲載された記事を見て、たいへんな衝撃を受けました。そこには、傾斜計が振動を観測した同じ日の約1時間前に、日本の東京において比較的大きな地震が起きていたという報告があったのです。これは非常に驚くべきことでした。ドイツに設置した２ヵ所の傾斜計は、遠く離れた東京で起きた地震を観測していたと考えられたからです。

さらに重要な事実は、このとき東京と、ポツダムとウィルヘルムスハーフェンにおいて観測された振動の時間差と両都市の距離（約８０００km）から、地震波の伝達速度を求めることができたということです。パシュウィッツはさっそく地震波速度を計算し、地震波が地球の表面ではなく、地球の内部を伝わってドイツまで到達した可能性を報告しました。彼の発見は、遠隔地で起きた地震（遠地地震）の史上初の観測例となるとともに、地震波を調べることで地球内部の情報が得られることを示したのです。

その後、パシュウィッツは結核のため、この観測のわずか6年後の１８９５年に34歳の若さで亡くなってしまいます。しかし、彼の遠地地震の観測以後、地震波の観測ネットワークとそれを用いた地球内部構造の研究は著しい発展を遂げることとなります。後年、ドイツの地球物理学会は、「Rebeur-Paschwitz賞」を創設し、パシュウィッツの功績をたたえています。

地震波から地球内部を探る

次のブレークスルーは、インドで起きた地震がきっかけとなりました。1897年6月12日、インドのアッサム地方を襲った大地震（アッサム地震）は死者1500人を超える甚大な被害を巻き起こしました。一方、このときインド地質調査所に勤務していたイギリス人地質学者リチャード・オールダム（Richard Dixon Oldham）は、現地に設置した地震計の記録から、偶然にも地球の内部構造を理解するうえで重要な発見をすることになります。

地震学の発展によってこの頃までに、地震波にはP波やS波という特徴の異なる複数の種類の波が含まれることは明らかにされていました。P波は音波と同様の伝わり方をする高速の波で最初に遠隔地まで届きますが、S波は進行方向に対して垂直方向に振動する波でP波より遅く、液体中を伝わることができないという重要な特徴があります（図2-5）。19世紀中頃、ウイリアム・ホプキンズ（William Hopkins）というイギリスの数学者・物理学者が、パシュウィッツの発見に先駆けて、この2種類の地震波を解析することで、地球の内部構造を調べられる可能性を指摘していたのです。

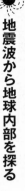

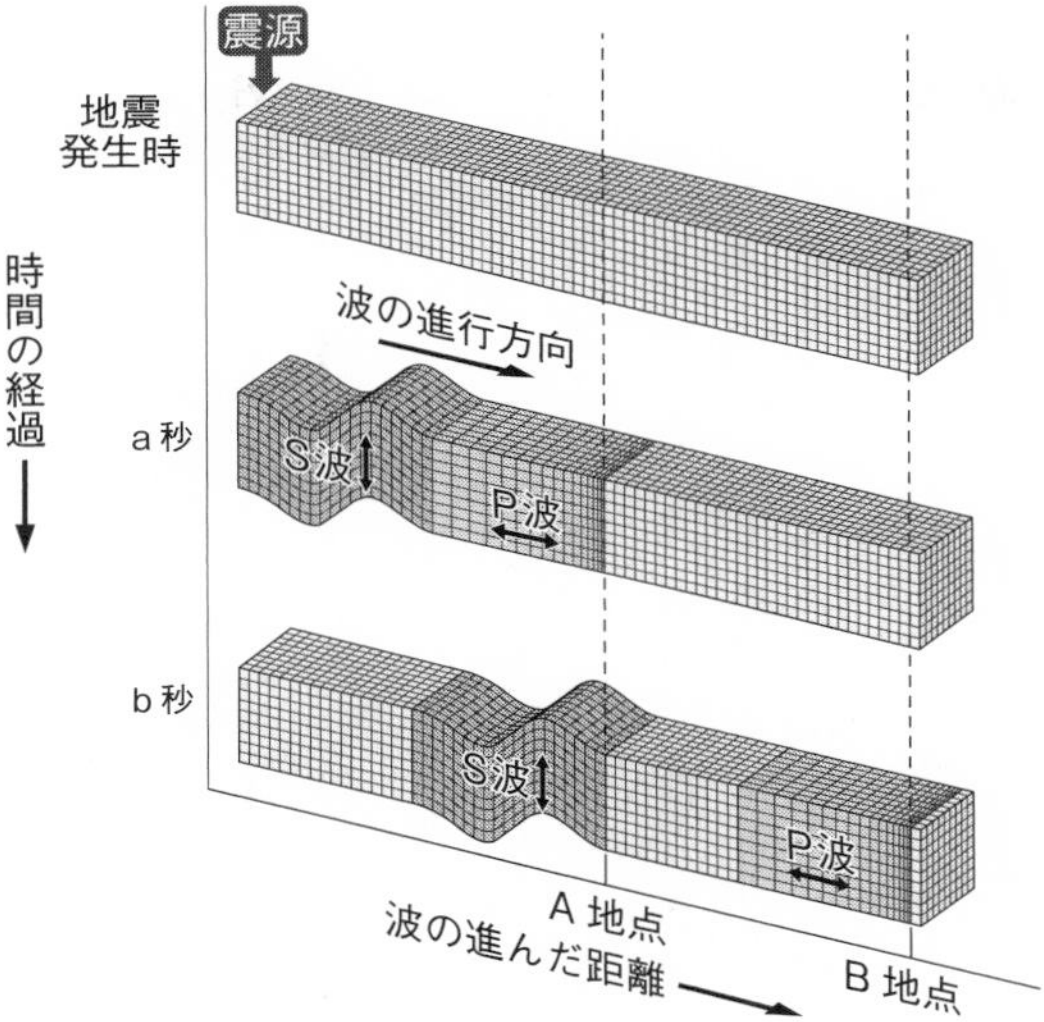

図2-5　地震のP波とS波
P波は進行方向と平行に振動し、速く遠くに伝わる。S波は進行方向に対して垂直に振動し、液体中を伝わることができないという特徴がある　〈文科省地震調査研究推進本部事務局HPより改変〉

地磁気を発生させる「何か」

オールダムはインド各地から集めたアッサム地震の観測データを詳しく調べ、P波とS波を分離することに成功しました。さらに、3年後にアッサム地域で起きた地震の観測結果から、地球の中心には、鉄でできた地球半径の半分ほどのサイズの中心核（核）と、それを覆う岩石質の層（マントル）が存在するという結論にたどり着いたのです。1906年に発表されたオールダムの画期的な論文は、観測データから地球内部構造を考察した最初の論文となりました。

このとき彼が見積もった地球中心核のサイズは、現代の推定とそれほど違わないほど精度の良いものでした。しかし、オールダムの発見は、計算にいくつかの仮定を置いていたこともあり、当時の研究者にはほとんど受け入れられることはありませんでした。

代わりに、地球中心核発見のストーリーで大きな栄誉に浴することになったのは、オールダムに続いてこの課題に取り組み、「グーテンベルク不連続面」という専門用語で名を残したベノー・グーテンベルク（Beno Gutenberg）です。

オールダムの発見から20年後、ユダヤ系ドイツ人であったグーテンベルクは、ある地点で発生した地震波が地球上のどこで観測されるのかを調べていたところ、P波もS波も観測されない地域があることに気がつきました。これは今日「シャドーゾーン」と呼ばれる領域で、震源からの距離を中心角で表したとき１０５度から１４３度ほどのところに相当します（図2-6上）。

彼はこの発見から、地球内部にはその外側よりも地震波速度が遅くなる物質が存在し、その境界で地震波が屈折するためにシャドーゾーンには地震波が到達しないのだと考えました。この考えをもとにグーテンベルクは、この地震波速度が急落する場所がマントルと地球中心核の境界であると結論づけたのです。これが今日「グーテンベルク不連続面」と呼ばれるマントルと核の境界です。

ただし、このときグーテンベルク自身は、マントルも、そして地球中心核もすべて固体であると考えていました。それに対して、イギリスの数学・地球物理学者ハロルド・ジェフリーズ（Harold Jeffreys）は、かねてから研究されていた地球の自転の揺らぎと、地球中心核がS波を通さないという事実から、地球中心核が液体であることを明らかにしたのです。つまり、地震波で観測される地球内部の不連続面は、鉄を主体とする液体の地球中心核と、岩石質の固体であるマントルの境界であり、長年の謎であった地球中心部の高密度物質の正体も同時に明らかになったのです。こうして、ジェフリーズの導いたこの結論によって、地球内部構造はすべて解明されたかのように見えました。しかしその数年後、さらにもう一つの重要な発見がなされることになります。

見えてきた地球の中身

インゲ・レーマン（Inge Lehmann）は少々変わった経歴の地震学者でした。デンマークのコペンハーゲンで生まれ育った彼女は、コペンハーゲン大学とイギリスのケンブリッジ大学で数学を学んだあと、コペンハーゲンに戻って保険会社で働いていました。しかし37歳のとき、ひょんなことから数学の能力を買われ、地震観測網を立ち上げる仕事に就くことになったのです。

その数年後、デンマーク測地局の地震部門責任者になっていた彼女は、本業の地震観測網の整

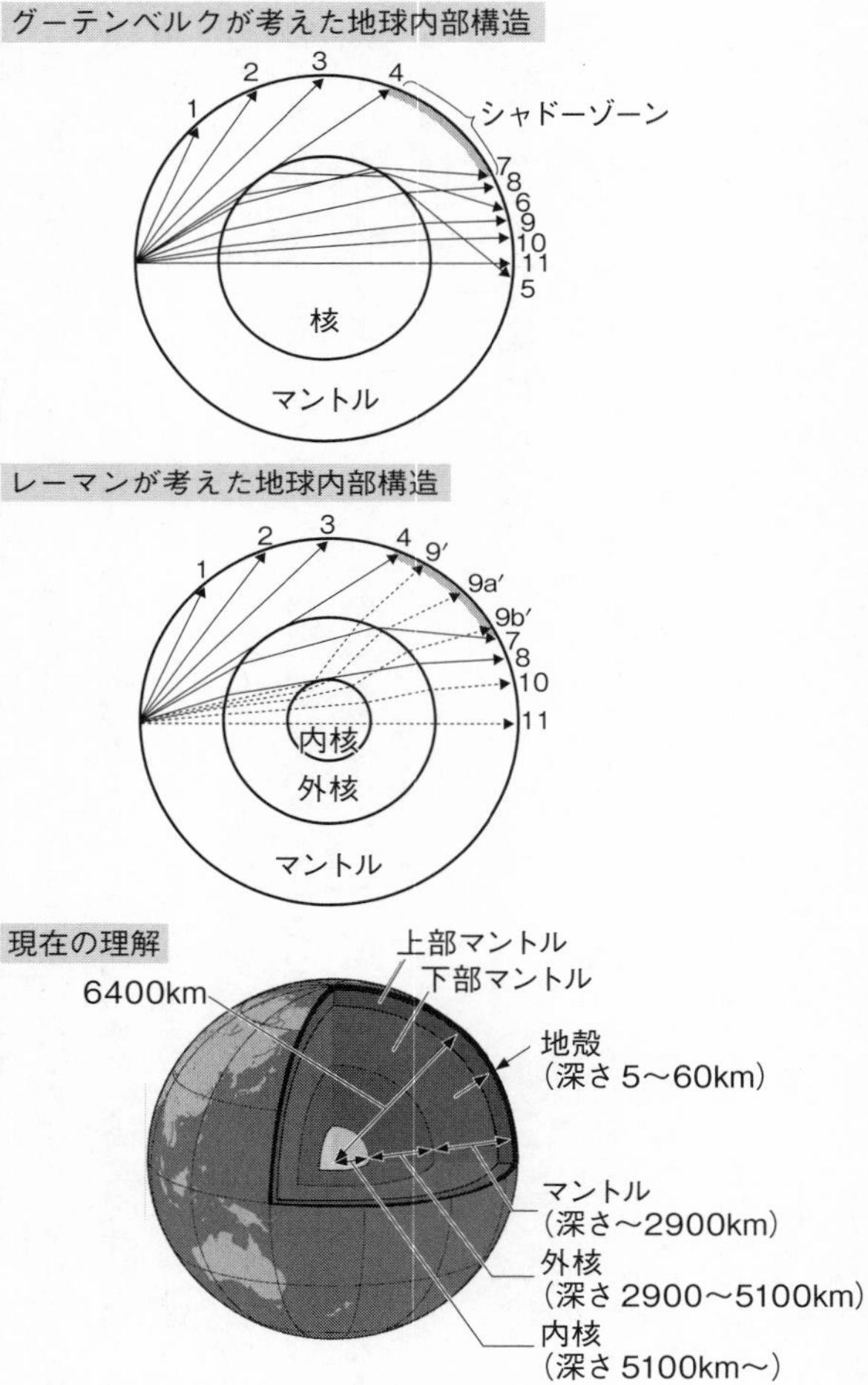

図2-6　P波のシャドーゾーンと地球内部の構造
グーテンベルク、レーマン、そして現代の観測によって明らかになった地球内部構造の模式図　〈(上・中) Gillian Turner『Noth Pole, South Pole』より改変。(下) 気象庁HPより改変〉

備を精力的に進めつつも、地震学の研究を独自に進めました。そして、本来地震波が到達しないはずのシャドーゾーンにおいて、わずかながらP波（彼女はこれを「P′波」とした）が観測されることを発見します。この事実は、液体である地球中心核の内側には、さらにもう一つの核が存在し、それは地震波速度の速い固体であることを示していました（図2-6中）。そして1936年、レーマンはこの成果をまとめ、地震学分野で今でもよく知られる「P′」という題名が1文字だけの論文を発表したのです（図2-7）。

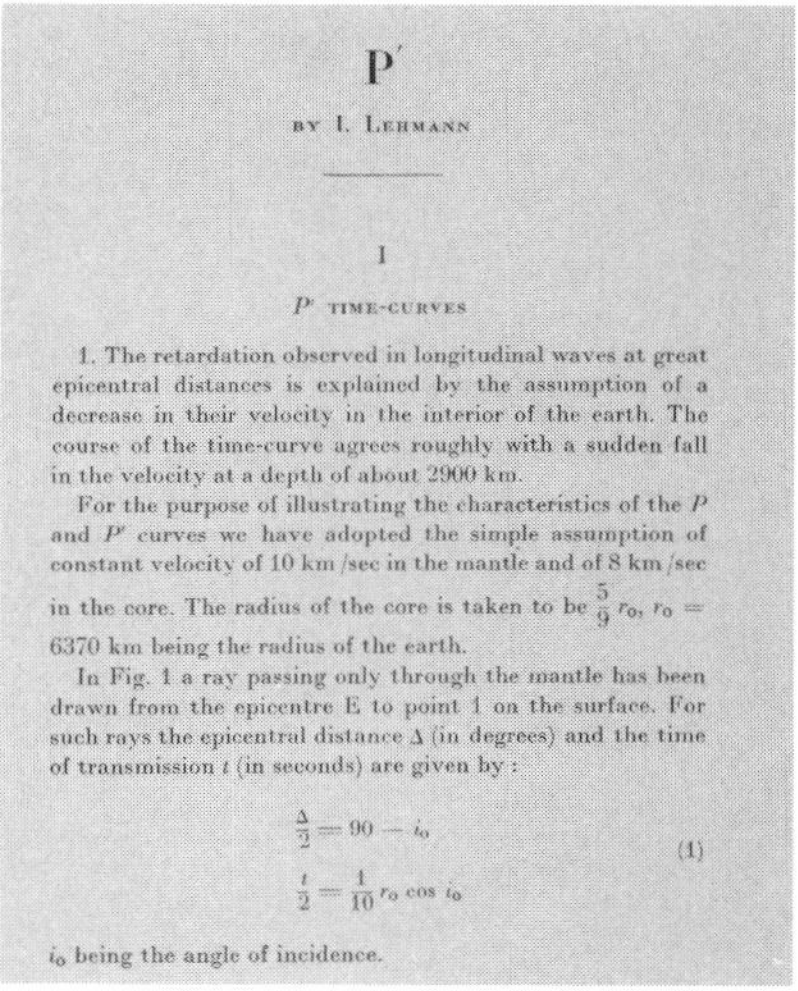

P′

BY I. LEHMANN

I

P′ TIME-CURVES

1. The retardation observed in longitudinal waves at great epicentral distances is explained by the assumption of a decrease in their velocity in the interior of the earth. The course of the time-curve agrees roughly with a sudden fall in the velocity at a depth of about 2900 km.

For the purpose of illustrating the characteristics of the *P* and *P′* curves we have adopted the simple assumption of constant velocity of 10 km/sec in the mantle and of 8 km/sec in the core. The radius of the core is taken to be $\frac{5}{9} r_0$, r_0 = 6370 km being the radius of the earth.

In Fig. 1 a ray passing only through the mantle has been drawn from the epicentre E to point 1 on the surface. For such rays the epicentral distance Δ (in degrees) and the time of transmission *t* (in seconds) are given by:

$$\frac{\Delta}{2} = 90 - i_0 \qquad (1)$$
$$\frac{t}{2} = \frac{1}{10} r_0 \cos i_0$$

i_0 being the angle of incidence.

図2-7　レーマンによる論文「P′」
地球の中心には、液体の中心核の中に固体の核が存在することを示した論文。1936年に発表された

パシュウィッツに始まる遠地地震を用いた地球内部構造の研究は、レーマンに至って一つの結論に到達しました。地球内部は「性質の異なる層の重なり」から成り立っていたのです。地球の中心部は固体の鉄やニッケルを主体とする内核と、その外側を覆う液体の鉄やニッケルを主体とする外核からな

り、そしてその外側は岩石を主体とするマントルと、地殻という薄い殻に覆われていました（図2-6下）。こうして、20世紀になってようやく、ガウスが示した地球内部にある地磁気を発生させる「何か」を探す条件が揃ったのです。

地球ダイナモとはなにか

電気と磁気の関係が解明され、地球内部構造の理解も深まったことによって、永久磁石が存在しなくとも、地球内部で地磁気が作られていることを説明できるようになりました。なぜなら、外核が電気を通す液体の金属からなるということは、もし磁場の中で対流が起きればそこに電流が流れることを示すからです。そして、発生した電流は新たに磁場を作り出します。つまり、外核が対流し続けるならば、この磁場生成のプロセスは永遠に続くと考えられるのです（一定の条件はありますが）。これを「ダイナモ作用」と呼びます（図2-8）。

地球は、約46億年前に誕生して以来、基本的には冷え続けています。地球が誕生したときは非常に高温で全体がほぼ融解した、いわゆる「マグマオーシャン状態」だったとされています（一部のみが融解していたとする研究者もいます）が、その後、現在の大気、海洋、地殻、マントル、核という層構造が作られました。そして、その後の長い冷却過程の中で、次第に固体の内核ができていったと考えられています。

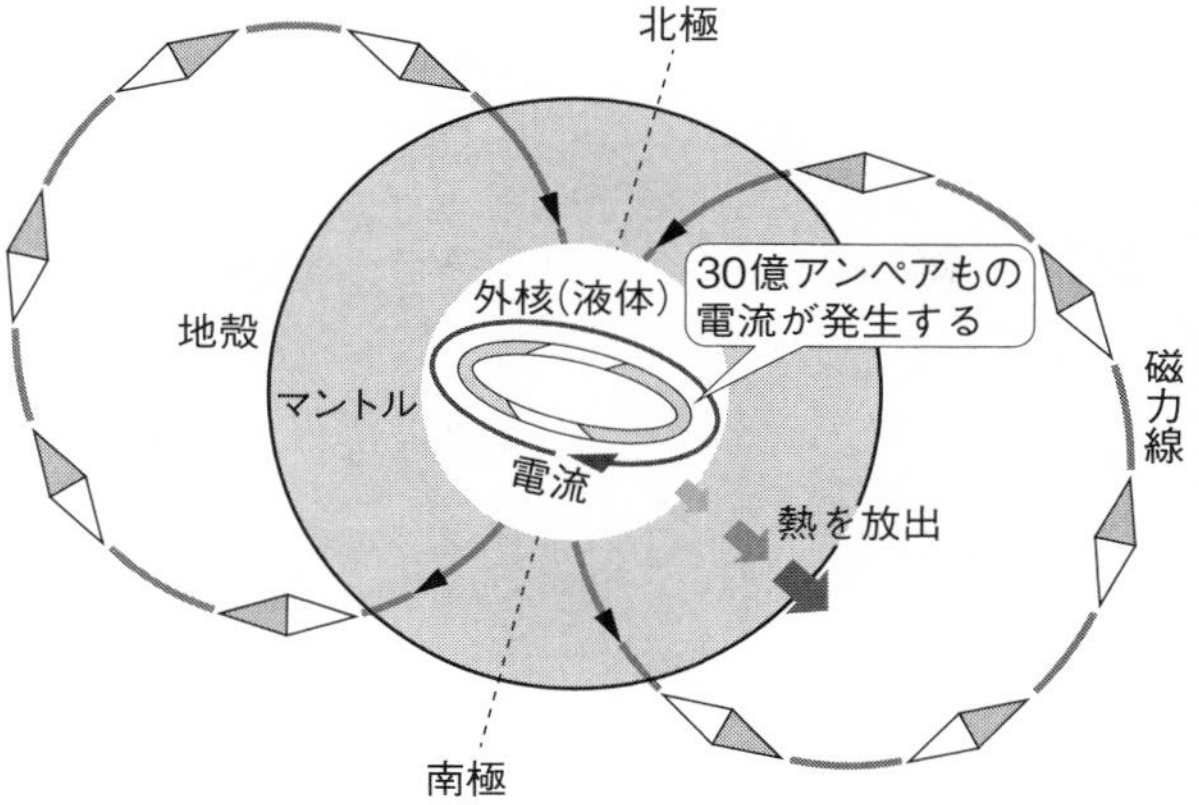

図2-8　地球の「ダイナモ作用」のしくみ
外核を流れる電流は、地球の自転の影響で赤道面に平行な円環電流が卓越する。このため、自転軸方向に沿った双極子磁場が地磁気のおもな成分になる　〈櫻庭中氏による図を一部改変〉

固体であるマントルも長い時間スケールでは対流を起こし、同じく対流する外核とあわせて地球内部の熱を表面まで輸送しています。一方、内核はおもに熱伝導で外核に熱を伝えています。また最近は、内核が成長するときに吐き出す軽元素と、外核とマントルの境界で石英が結晶化するプロセスが外核の対流に寄与していることがわかってきました（図2-9）。これは東京工業大学教授の廣瀬敬（現東京大学教授）らによる研究で、外核の最上部では、密度の小さい二酸化ケイ素が結晶化してマントル内を上昇し、残された比較的重い液体金属は沈んでいくことがわかったことによります。外核は上下の温度差だけでなく、構成する物

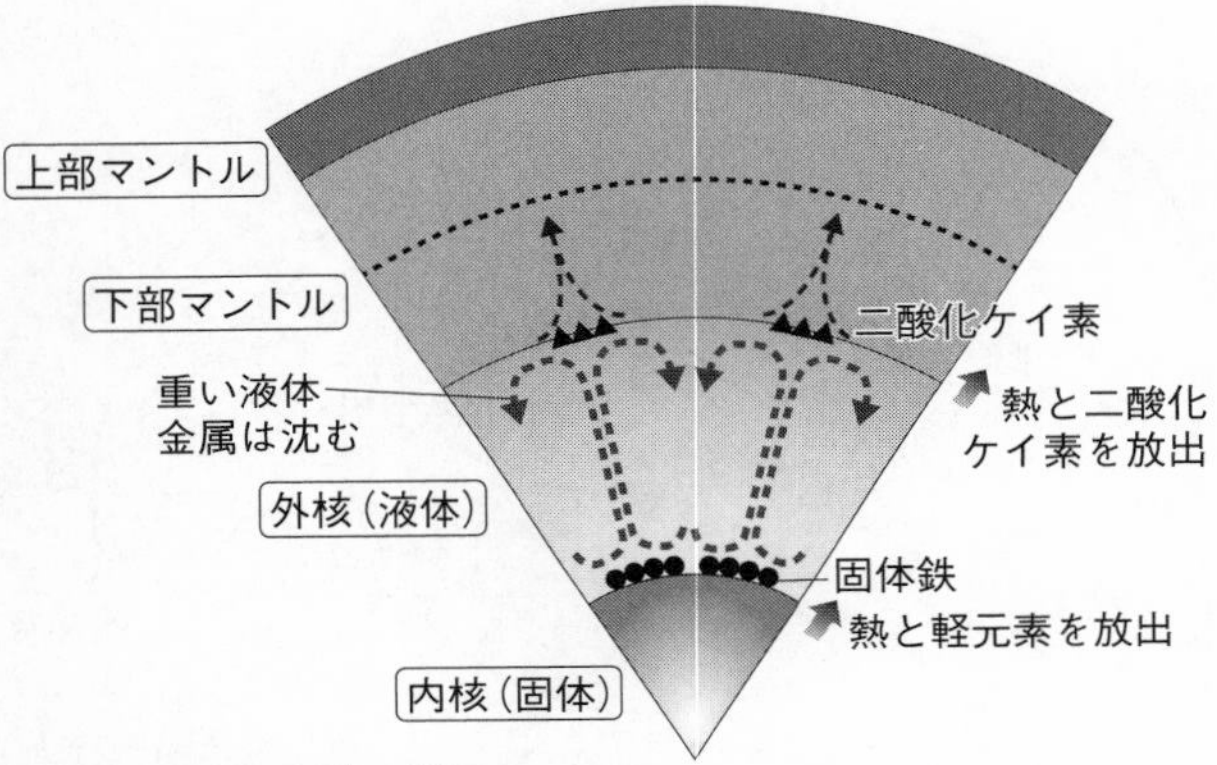

図2-9　外核の対流の様子
外核最上部では軽い二酸化ケイ素（地表では石英）の結晶化と排出される重い液体金属、内核との境界では固体鉄の結晶化と排出される軽元素（鉄やニッケルよりも軽い酸素、硫黄、水素、炭素、ケイ素などの元素）の浮力による対流（組成対流）が起きている。最近の研究では、熱対流よりも組成対流の効果のほうが大きいと考えられている　〈東工大プレスリリースの図より改変〉

質の密度の差によっても対流をしており、これがダイナモ作用の原動力となっているのです。

現在、地球だけでなく、太陽などの天体も内部の導電体の流体運動によってダイナモ作用を起こし、大規模な磁場を生成していることが知られています。ダイナモ作用（地磁気の場合は「地球ダイナモ」と呼びます）はたいへんに複雑であり、その実態を理解するためには、電磁流体力学（磁気流体力学）と呼ばれる分野の発展による理論面の理解が不可欠でした。１９４０年代に入って電磁流体力学が登場すると、しばし停滞していた地磁気の研究は、現在につながる地球ダイナモの研究として再び発展を見せることになります。

ウォルター・エルサッサー（Walter M. Elsasser）は、ドイツのユダヤ人家庭に生まれた物理学者でしたが、ナチスによる迫害を受け、最終的にアメリカに移住します。ドイツ時代のエルサッサーは量子物理学を専門としていましたが、アメリカに移住して以降の１９４０〜１９５０年代にかけて、ダイナモ作用の研究を始めます。とくに第二次世界大戦中、彼はアメリカ陸軍通信部隊でレーダーの開発に従事しますが、そのときの余暇時間をダイナモ作用の理論的研究にあてたと言われています。

１９４６年、エルサッサーは地球の流体外核の対流によって誘導される電流によって地磁気が作られていることを示す最初の数学モデルを提案します。この数学モデルはまだ完璧なものではありませんでしたが、地球ダイナモを数学的に記述することで、地磁気発生の謎に取り組むための道筋を示したのです。彼はこの功績から「ダイナモ理論の父」と呼ばれています。

シミュレーションで見えた地磁気の姿

１９９０年代になると、長らく「理論」としてのみ展開されてきた地球ダイナモの研究は、計算機の進歩によって大規模なシミュレーションが可能となったことから、具体的な地磁気発生メカニズムに切り込む研究が始まります。

1995年、核融合科学研究所の陰山聡（現神戸大学教授）と佐藤哲也（現・同研究所名誉教授）らのグループと、ロスアラモス国立研究所のゲリー・グラッツマイヤー（Gary A. Glatzmaier）とカルフォルニア大学ロサンゼルス校のポール・ロバーツ（Paul H. Roberts）の2人が、相次いで地球ダイナモのシミュレーションに成功したことを発表しました。それぞれのグループは、地球中心部の温度、圧力、密度、流体の動き、そして生成される磁場まですべてを同時に計算するプログラムを開発し、最先端のスーパーコンピュータを使うことで、初めて地球と同じく双極子磁場が卓越する地球ダイナモの再現に成功したのです。

これらは、一部の要素については簡易的な計算を含むとはいえ、世界で初めての地球ダイナモシミュレーションとなりました。そして、スーパーコンピュータによって再現された三次元的な地球ダイナモの姿は、ギルバートから現代の我々までが想像していた「地磁気の姿」とは、まったく違うものだったのです。

地球ダイナモシミュレーションが描いた地磁気は、まさに「混沌」そのものでした（カラー口絵図3）。オレンジと青の線は、それぞれに外向きと内向きの磁力線を表します。これは地球の中心部における形ですが、オレンジと青の磁力線は内核を取り囲むようにして、とても複雑に絡み合っています。しかし、核の外（マントル）に出ると磁力線はずっとシンプルになり、離れるにしたがって双極子磁場の形に少しずつ近づきます。外向きの磁力線は南極を中心とした領域から外側に飛び出し、内向きの磁力線は北極の領域で内部に潜り込むのです。

つまり、我々が地上で観測していた地磁気は、地球ダイナモのかなり外側の、滑らかになった領域を見ていたのです。そして、さらに驚くべきことに、グラッツマイヤーとロバーツの地球ダイナモは、シミュレーションの中で地磁気逆転も起こしていたのです（カラー口絵 図３ *註）。

その後、とくにグラッツマイヤーとロバーツの地球ダイナモは、20世紀の科学進歩の象徴として、『ネイチャー』誌や『サイエンス（Science）』誌だけでなく、世界中の雑誌や本の表紙を飾りました。とくに、シミュレーションの中の「地磁気逆転」は、そのメカニズムを探るカギとして、大きな注目を集めたのです。

スーパーコンピュータでもわからないこと

その後も今日に至るまで、スーパーコンピュータを用いた地球ダイナモ研究は大きく進展を続けています。たとえば、地球ダイナモは自発的に外核の流れが不安定化し、地磁気逆転を起こすことや、外核の対流速度が年間20㎞程度であるために、地磁気逆転にも数百年程度の時間が必要となるであろうことなどが明らかになって

＊註：２００２年には、陰山聡教授らのグループの地球ダイナモシミュレーションでも地磁気逆転が再現されました。このときの地球ダイナモでは、実際の地球のように繰り返し起きる地磁気逆転が再現されたのです。

きました。また、これまで外核が徐々に冷えていくことで生じる「熱対流」のみを前提としていた地球ダイナモですが、現在は組成対流の効果も含められるようになりました。

また、地震波観測によって明らかになってきたマントルと外核の境界にある熱的な不均質も、地球ダイナモの重要な要素であることがわかりつつあります。さらには、地磁気逆転が地球ダイナモの自発的な不安定性のみに由来する現象ではなく、外核の外からの影響を受けうることも議論されています。これらの地球ダイナモ研究は、前出の陰山教授のグループだけでなく、東京大学の櫻庭中博士や九州大学の高橋太博士など第一線の研究者によって、いまも精力的に続けられています。

しかし、じつは現在に至っても、地球ダイナモの完全な再現は成し遂げられていません。現実の地球ダイナモの再現はあまりに膨大な計算量を必要とするため、めざましい発展を遂げた今日のスーパーコンピュータを用いても、すべての要素を忠実に含んだ地球ダイナモの再現は不可能なのです。

現在の地球ダイナモシミュレーションでは、計算量を減らすため、実際の外核に比べて粘性が高く、ゆっくりと流動する外核を想定し、地球の自転もまたゆっくりにすることで、計算しています。また、もし地球ダイナモの姿を忠実に再現できたとしても、たとえば天気予報のように、その結果を検証することは容易ではありません。現実の地磁気の変化は非常にゆっくりであり、また我々は地磁気逆転を観測したことがないのです。

したがって、地磁気や地球ダイナモのメカニズム、そして地磁気現象最大の謎「地磁気逆転」の解明に挑むためには、地球ダイナモシミュレーションとは別のアプローチも必要となります。それを可能とするのは「古地磁気」と呼ばれる、地層や岩石に刻まれる過去の地磁気の化石（記録）です。次の章では、地磁気逆転の発見をはじめとして、古地磁気を手がかりとして過去の地磁気変動の復元に挑むストーリーを追っていきましょう。

第3章

地磁気逆転の発見

――世界の常識を覆した学説

体内に磁石を持つ生物

前章で紹介した、地磁気を〝視て〟空を飛ぶ渡り鳥に対して、体内に磁石そのものを持つ生物が存在することも知られています。その代表例は、磁性バクテリア（磁性細菌）という水中に棲む単細胞生物です（図3-1）。

磁性バクテリアは珍しい生き物ではありません。じつは私たちの身の回りにもよく棲んでいます。ただ、彼らの多くはちょっと特殊な環境が好きなので、飼育はそれほど簡単ではありません。なぜならば、彼らは酸素が満ちあふれた環境があまり好きではないのです。飼育するには、酸素が少なめで、でも無酸素にはならないような絶妙な環境を用意する必要があります。

磁性バクテリアが飼育できると、おもしろい実験ができます。まず顕微鏡を用意して、磁性バクテリアが自由に泳げる状態にしたスライドグラスをセットします。そして、スライドグラスに対してコイルなどを使って一定方向の磁場を与えるのです。すると、磁性バクテリアたちは一斉に一方向へと泳ぎだすのです。ここで与える磁場を逆向きにすると、彼らは反転をして、今度は逆方向に泳ぎ始めます。その反応はとても鋭く、磁場の向きを変えた瞬間に反転して泳ぐ姿はなかなか壮観です。

このように、磁性バクテリアは体内に持つ磁石を方位磁石として使って泳ぐ習性を持ちます。

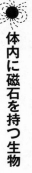

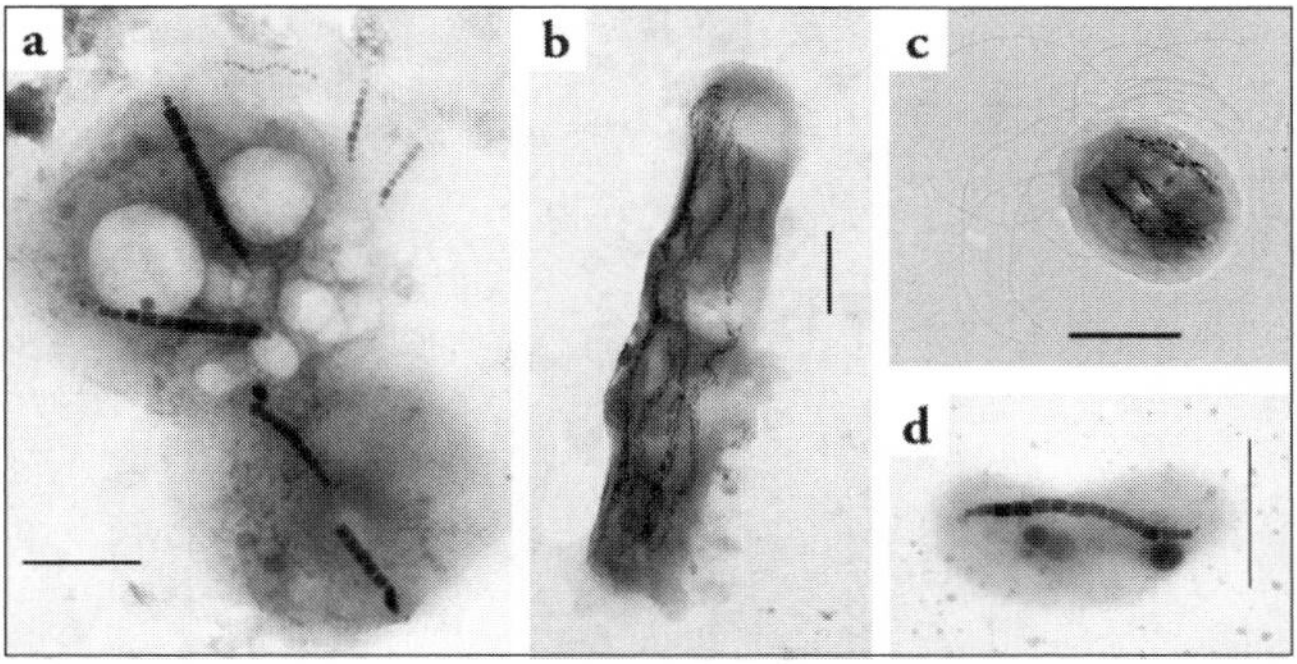

図3-1　さまざまな磁性バクテリア
湖沼などで見つかるタイプの磁性バクテリアの透過型電子顕微鏡写真
〈Mao et al.（2014）より〉

これは、彼らが湖底や海底で生活する中で常に泥の中に潜ることで天敵から逃れるように、北半球では地磁気の伏角が下向きであることを利用した習性を獲得したと考えられます（南半球の磁性バクテリアは逆向きに泳ぐそうです）。

しかし、ここで一つの疑問が湧きます。もし、地磁気の向きが逆になったとしたら、磁性バクテリア達はどうするのでしょうか。地磁気の向きに沿って下向きに泳いでいたはずが、逆に水中に飛び出してしまうかもしれません。そこには、泥も餌もなく、代わりに彼らにとって危険な環境が待ち構えているのです。つまり、地磁気が逆転したら彼らは絶滅してしまうのではないでしょうか？

この答えは、顕微鏡で彼らをよく観察すると推測できます。磁性バクテリアは、群れをなして磁場の方向に一斉に泳ぎます。しかし群れをよく見ると、ほぼすべての個体が右に泳ぐとすると、ごくわずかに左に泳ぐ「はぐれもの」がいるのです。彼らは、磁場の向きを変えると、また群れとは逆向きに泳ぎだします。どうやら、磁性バクテリアには、ごくまれに、他の個体と逆の動きをする個体が生まれてくるようなのです。おそらく、彼らが自然界で生き続けるのは難しいでしょう。しかし、地磁気の向きが逆転するような異常事態では、彼らのような「はぐれもの」が生き残るのかもしれません。

この章では、地球の磁場の向きが逆転してしまう「地磁気逆転」という現象について紹介したいと思います。まずは、この分野の研究に大きな貢献をした日本人研究者、松山基範《もとのり》の生い立ちから「地磁気逆転」発見のヒストリーを紐解いていきましょう。

地磁気研究の功労者、松山基範

松山基範（図3-2）は1884年、大分県宇佐郡駅館村（現宇佐市）に生まれました。父は曹洞宗の寺の住職、母は庄屋の出だったようです。1896年、基範が11歳のとき、父が山口県にある曹洞宗海福山高林寺の住職になったのに伴って、家族揃って今の下関市（当時は豊浦郡清末村）に転居します。家が貧しかった基範ですが、成績がとても良かったことから授業料免除の特待生に選ばれ中学校に進むことができました。そして1903年には、新設されたばかりの広島高等師範学校に進学します。当時、中学校を優秀な成績で卒業した子供の多くは帝国大学に進学しましたが、基範は家の経済的な事情から、官費が支払われる師範学校を目指したものと思われます。

広島高等師範学校を卒業した基範は、徳島県立富岡中学校（現富岡西高）の数学教師となります。しかしその年、幼少期の基範に努力の積み重ねの大切さを説いた母のコウが亡くなります。これがきっかけとなったのかはわかりませんが、基範は中学教師の職を1年あまりで辞して、1908年に京都帝国大学理工科大学（当時）へ入学しました。

1910年、知人の紹介で松山松江と結婚した基範は、松山家に婿入りします。こうして、松山基範（以降、松山と記します）が誕生することになりました。松山家は比較的裕福な家だったようで、これ以後、松山は経済的な憂慮なく大学での研究に打ち込めるようになります。

1913年、松山は京都大学に新設された地球物理学教室第一講座の講師に就任します。そこでは、おもに重力の精密測定を使った地質構造探査の研

図3-2　松山基範博士
地磁気逆転などの研究において、大きな貢献を果たした〈提供：山口大学〉

究に取り組みました。そのフィールドは日本にとどまらず、朝鮮半島、中国、台湾、そして南洋諸島と広範囲にわたり、とくに南洋諸島の隆起珊瑚礁の島々の成因に興味を持って研究を進めました。

1919年、松山は京都大学に地質学講座創設の任を受けて、アメリカのシカゴ大学に留学します。当時シカゴ大学には、世界の氷床研究の最先端をいくトーマス・チェンバリン（Thomas Chrowder Chamberlin）がおり、松山も彼のもとで新たに氷床流動についての研究に取り組みます。約2年間の留学中、松山は氷の変形について実験的研究をおこない、その成果を『Journal of Geology』誌に発表しました。松山はこれ以後、氷河・氷床の研究をすることはなかったようですが、この研究成果は氷河学への大きな貢献として認められ、1960年には南極半島北部のステファン山麓西海岸の岩石群に「Matsuyama Rocks」という地名が与えられています。

1922年、日本に帰国した松山は、京都大学地質学鉱物学教室第一講座（理論地質学）の初代教授に就任します。この講座は、物理学的な手法を使ってさまざまな地質学的な現象の解明に取り組むという新しいコンセプトで創設されたもので、それまでの研究対象であった地球の重力や地表の変動だけでなく、その後は地震、磁気、水文、放射能、温泉、さらには隕石まで、幅広い分野が研究対象となっていきました。当時の研究分野はまだ現在のように細分化されておらず、松山はじつにさまざまな分野の研究に取り組んだのです。たとえば、松山は実用化されて間もない潜水艦に乗り込み、日本海溝の重力を測定するという挑戦的な研究もおこなっています。この日本海溝の重力測定の研究は、1936年に開かれた測地学と地球物理学の国際学会で発表され、たいへん高く評価されたそうです。

溶岩に記録された地磁気を測る

1926年、松山は溶岩の磁気的な性質（磁性）についての研究を始めます。その当時すでに、溶岩が冷却する際には古地磁気（地層や溶岩などの岩石に刻まれる過去の地磁気情報）を記録することがわかっていました。詳しくはのちほど説明しますが、これを「残留磁化」と呼びます。松山は、まず兵庫県の玄武洞で採取した溶岩の残留磁化の測定を試みます。すると、玄武洞溶岩の残留磁化は現在の地磁気の向きと反対方向（「逆帯磁」と言います）を指したのです。

この結果を確認するため、松山はすぐに近傍の京都府夜久野《やくの》からも同じく溶岩を採取して、残留磁化を測定します。すると、夜久野の溶岩は現在の地磁気と同じ方向（正帯磁）を指したのです。当時、玄武洞と夜久野は距離も近く、分布する溶岩は同じ時代（第四紀*註）のものと考えられていました。同時代の溶岩がまったく反

*註：第7章でも紹介しますが、地球の歴史の中で、約260万年前以降の時代（地質年代）を「第四紀」と呼びます。

対方向の残留磁化を持つことに興味を持った松山は、次に日本各地、さらには朝鮮半島から中国東北部まで出かけて溶岩のサンプルを採取します。そして、計36地点から100個以上のサンプルを集め、それらの残留磁化を次々に測定していったのです。

この当時、岩石の残留磁化を測定することは、とてもたいへんな作業でした。現在のように、便利で精度が良い測定器や電源はありません。このとき松山が溶岩の測定に使った方法は、糸で吊るした永久磁石が、近づけた岩石サンプルの残留磁化の影響を受けて、磁北から微妙に変えた向きを測定するという、きわめて単純なものでした（図3-3上）。

ただし、この残留磁化の測定方法は、あまり感度が良くありません。そのため、測定に使う溶岩のサンプルはかなり大きなものが必要でした。京都大学には、いまも松山が測定に使った溶岩サンプルが残されていますが（図3-3下）、筆者も初めて見たときにはその大きさに驚かされました。

地磁気は何度も逆転していた

松山は、各地で採取した溶岩の残留磁化の方位が、夜久野に代表される現在の地磁気と同じ向きを指す（正帯磁）グループと、玄武洞の溶岩のように現在と逆向きを指す（逆帯磁）グループに分かれることに気がつきます。そして、この逆帯磁したグループの溶岩が、正帯磁したグルー

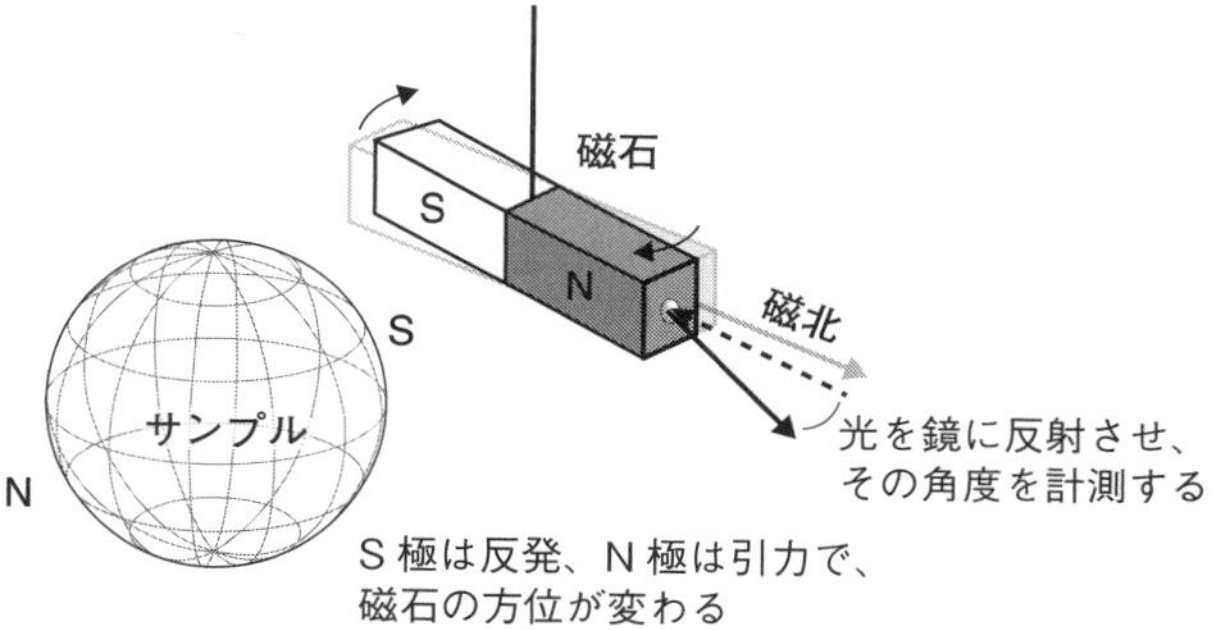

図3-3　松山が残留磁化の測定に使った方法（上）と岩石のサンプル（下）

（上）磁石を糸で吊るし、磁化を持つ岩石サンプルに近づけて、ズレた角度を測る。（下）直径10㎝はある大きな溶岩サンプルを使って測定していた。現在は、通常直径2.5㎝程度の岩石で測定する　〈（上）熊本大学・渋谷秀敏教授のアドバイスをもとに作図。（下）提供：京都大学理学部地質学鉱物学教室〉

プよりも古い時代のものであると考えたことから、かつて、地磁気の向きが現在と逆向きだった時代があったと結論づけたのです。

さらに、一部の溶岩は他の溶岩よりもさらに古い時代（第四紀以前）のものと推測されたことから、地球の歴史上では「地磁気の逆転」が何度も起きていた可能性を指摘しました。じつは、地磁気が逆転していた可能性については、松山をさかのぼること20年以上前、フランスのベルナール・ブルン（Antoine Joseph Bernard Brunhes）によって報告されていました。しかし、松山は独自の調査と測定から、時代の変遷とともに地磁気の極性が逆転を繰り返してきたという重要な事実にたどりついたのです。

しかし、松山の地磁気逆転の研究の評判は、あまり良いものではありませんでした。前中一晃（花園大学名誉教授）による松山の伝記『日も行く末ぞ久しき――地球科学者松山基範の物語』（文芸社）によると、松山はある恩師から「君の言うことは、地球の重力が下から上に向かっていったというようなものだ」と叱責されたこともあったそうです。

そんな状況の中ただ一人、松山の発見に興味を示した研究者がいました。東京帝国大学理科大学教室の教授であり、随筆家としても著名な寺田寅彦です。１９２９年、寺田の推薦を受けた松山は、帝国学士院紀要に「On the Direction of Magnetisation of Basalt in Japan, Tyôsen and Manchuria（日本、朝鮮、および満州の玄武岩の磁化方位について）」という題名の論文を発表します（図３-４）。

この論文はその後、「時代の変遷とともに地磁気の極性が変化したこと」を最初に報告した論文として、世界の科学史上の重要なマイルストーンとなりました。しかし発表当時、松山の仮説は国内外の学界にあまり受け入れられず、注目を集めることはありませんでした。結果として、「地磁気逆転」が再び脚光を浴びる１９５０年代まで忘れ去られることになってしまったのです。

68. *On the Direction of Magnetisation of Basalt in Japan, Tyôsen and Manchuria.*

By Motonori MATUYAMA.
Kyoto Imperial University.

(Rec. April 13, 1929. Comm. by T. TERADA, M.I.A., May 12, 1929.)

Early in April, 1926, a specimen of basalt from Genbudô, Tazima, a celebrated basalt cave, was collected for the purpose of examining its magnetic properties. Its orientation was carefully measured in its natural position before it was removed. When this block was tested by bringing near to a freely suspended magnetic needle, its magnetic north pole was found to be directed to the south and above the horizontal direction. This is nearly opposite to the present earth's magnetic field at the locality. In May of the same year, four specimens of basalt were collected from Yakuno, Tanba, with the similar care. When tested, their magnetic axes were found to have an easterly declination of some 20° and a downward inclination of some 50°.

Since the time of Melloni[1] it is believed that lava gets its magnetism in cooling in the direction of the earth's magnetic field. This was also proved experimentally by Prof. Nakamura[2]. The above mentioned places are not much distant from each other and have nearly the same magnetic field. These basalts are described as the lavas of probably Quarternary eruptions[3].

Since that time 139 specimens of basalt were collected from 36 places in Honsyû, Kyûsyû, Tyôsen and Manchuria, of which 38 specimens were already examined more accurately. The method depended upon Gauss's principle of analysing the earth's magnetism, which was also used by Prof. Nakamura. The specimen was enclosed and fixed in a spherical surface in such a way that its orientation could be read from outside. Distribution of the normal component of magnetic force on the surface of the sphere due to the enclosed basalt was determined by means of a magnetometer and the direction of magnetic axis and the intensity of magnetisation were determined by the method of harmonic analysis.

図３-４　松山基範が地磁気逆転を報告した論文
〈帝国学士院紀要より〉

１９４４年に京都大学を退官した松山は、１９４９年、縁の深い山口県に新設された山口大学の初代学長に就任します。松山は、地域社会に根ざした大学を目指し、学問の発展と学生の教育に尽力しました。

ところが、山口大学の運営も軌道にのりつつあった１９５７年、松山は東京への出張の直後に急性白血病で倒れ、その後すぐにこの世を去ります。自らが団長を務めた秋吉台学術調査団の報告書をまとめ、さらなる調査計画を立ち上げる直前のことでした。

現在、山口県下関の高林寺には、松山基範の功績をたたえる石碑が建てられています。松山の死後、山口大学近傍の湯田《ゆだ》温泉では湯量が急減するという問題に直面したことがありました。このとき、山口大学の地質学教室は、総力を挙げて湯量低下の原因解明と解決策の提案に取り組み、湯田温泉の復活を後押ししたそうです。松山の目指した郷里に根ざした学問が、山口大学にしっかりと根付いていたのです。

地磁気逆転の発見者——ベルナール・ブルン

日本では一般に、「地磁気逆転の発見者」として、最初に松山基範の名前が紹介されることがあります。しかし、この説明は正確とは言えません。前述のように、松山は地磁気逆転が過去に何度も起きていたことを初めて明らかにした人物ですが、地磁気逆転の可能性自体はブルンが先に示唆していたからです。それでは次に、「地磁気逆転の発見者」という称号が相応しい人物、ブルンに焦点を当ててみましょう。

ベルナール・ブルンは、1867年、フランスのトゥールーズで生まれました（図3-5）。父親のジュリアン・ブルンはパリ大学の物理学の教授、弟は著名な地理学者のジャン・ブルンで、いわゆる研究者一家であったようです。ベルナール・ブルンは若くして現在のリール第3大学の教授になったのち、１９００年にクレルモン・フェランに設立された地球物理観測所の所長となるために中部フランスに居を移します。

ここで、彼は観測所近傍のピュイ・ド・ドームという火山の山頂にある観測所運営などの業務の傍ら、新たに岩石の磁気についての研究をスタートさせます。ブルンは、先だってフランスの地質学者アキレ・デレス（Achille Ernest Oscar Joseph Delesse）やイタリアの物理学者マセドニオ・メローニ（Macedonio Melloni）らが報告した「溶岩が冷えるときにはその場所の地磁気の向きを残留磁化として記録する」、そしてその後に明らかになった「加熱したレンガや陶器なども溶岩と同様に残留磁化を持つ」という現象に興味を持ちます。これらの研究をもとに、ブルンは、もし火山噴火で溶岩が噴出すると、その溶岩とその下にある粘土層も溶岩に焼かれることで、ともに同じ地磁気方位を残留磁化として記録するかもしれないと考えたのです。

図3-5　ベルナール・ブルン
1906年に、地磁気が逆転する可能性を初めて発表した

さっそくブルンは、クレルモン・フェラン近傍で、溶岩と溶岩によって焼かれた粘土層からサンプルを採取します。そして、持ち帰ったサ

ンプルを測定し、すぐに重要な事実に気がつきました。溶岩サンプルの残留磁化が、現在の地磁気方位と大きく異なり、逆帯磁を示したのです。さらに興味深いことに、溶岩の下から採取した粘土層もまた、逆帯磁していました。ブルンはこの結果をなかなか信じることができませんでした。しかし、溶岩と粘土層がそろって逆帯磁しているという結果は偶然とは考えられず、一つの重要な事実を示していました――「地球にはかつて地磁気が現在と逆向きであった時代があった」ということを。

ブルンはこの結果をまとめて1906年に発表します。しかし、このブルンの発表も、後年の松山の論文と同じく、学界に受け入れられることはありませんでした。それが理由かはわかりませんが、ブルンはこのあと地磁気についての研究発表をやめてしまいます。当時、ブルンはピュイ・ド・ドーム観測所の改装という重要業務を背負っており、また彼自身、本来は気象学を専門としていたことからも、これらの仕事や研究に集中していたのかもしれません。いずれにしろ、彼は地磁気逆転の報告からわずか4年後の1910年、突然脳卒中に倒れ、亡くなってしまいます。42歳という若さでした。

残留磁化とはなにか

溶岩が残留磁化を獲得するという現象については、先に述べたようにアキレ・デレスやマセドニオ・メローニらによって19世紀には明らかにされていました。また19世紀末には、ピエール・キュリー（キュリー夫人の夫）が、鉄などの強磁性体は加熱してある一定の温度（キュリー温度）を超えると磁性を失うという現象を発見していました。つまり、溶岩やレンガなどは、キュリー温度を超えて加熱されたときに磁性を失い、冷える際にその時点の磁場を残留磁化として記録すると考えられたのです。

松山やブルンは、これらの発見をもとに、岩石に残される過去の地磁気の痕跡、つまり残留磁化を測定することで、過去に地磁気逆転が起きた可能性を見いだしたのです。それでは、残留磁化とはどのような現象か、もう少し詳しく見ていきましょう。

一般に「残留磁化」とは、溶岩だけでなく、さまざまな物質に記録され、外部磁場を取り去っても残される磁化のことを指します。たとえば、かつてのテープレコーダー、現在ではハードディスクドライブなどに使われる磁気記録媒体も、基本的には残留磁化を利用しています。残留磁化にはとてもたくさんの種類があります。自然界の場合は、溶岩など火山活動に由来する岩石や、海底や湖底などに堆積した地層（海底・湖底堆積物）が残留磁化を持つことが知られています。それぞれ専門用語で、「熱残留磁化」と「堆積残留磁化」と呼びます。

現在では、溶岩や地層が熱残留磁化や堆積残留磁化を持つしくみはおおよそ明らかにされていますが、松山やブルンの時代には、なぜある種の物質が残留磁化を持つのかはよくわかっていませんでした。このような状況も、彼らの仕事が正当に評価されず、地磁気逆転が受け入れられなかった原因の一つかもしれません。

磁気理論の確立――溶岩はなぜ地磁気を記録できるのか

そんな状況の打開に貢献したのが、ルイ・ネール(Louis Eugène Félix Néel)です。ネールは1904年にフランスのリヨンで生まれた物理学者で、近代の磁気理論を確立したといえる人物であり、1970年には「固体物理学における重要な応用をもたらした反強磁性およびフェリ磁性に関する基礎的研究および諸発見」でノーベル物理学賞を受賞しています。このネールが、物質が磁性を持つメカニズムを解明したことで、岩石が残留磁化を持つしくみも明らかになったのです。

ここでネールが解き明かした磁性の原理について簡単に紹介しましょう(詳しく勉強される方はぜひ専門書を読んで下さい)。

まず、原子は原子核と電子からなり、それぞれ惑星とそのまわりを回る衛星のような関係を持ちます。つまり、電子は原子核のまわりを回りつつ、自らも自転(スピン)しています。電子はスピンすることによって電流が流れ、磁気モーメント(磁石に磁力をもたらす最小単位の力)を持ちます。しかし、ほとんどの元素では、電子がお互いに上下逆向きに配置されることによって

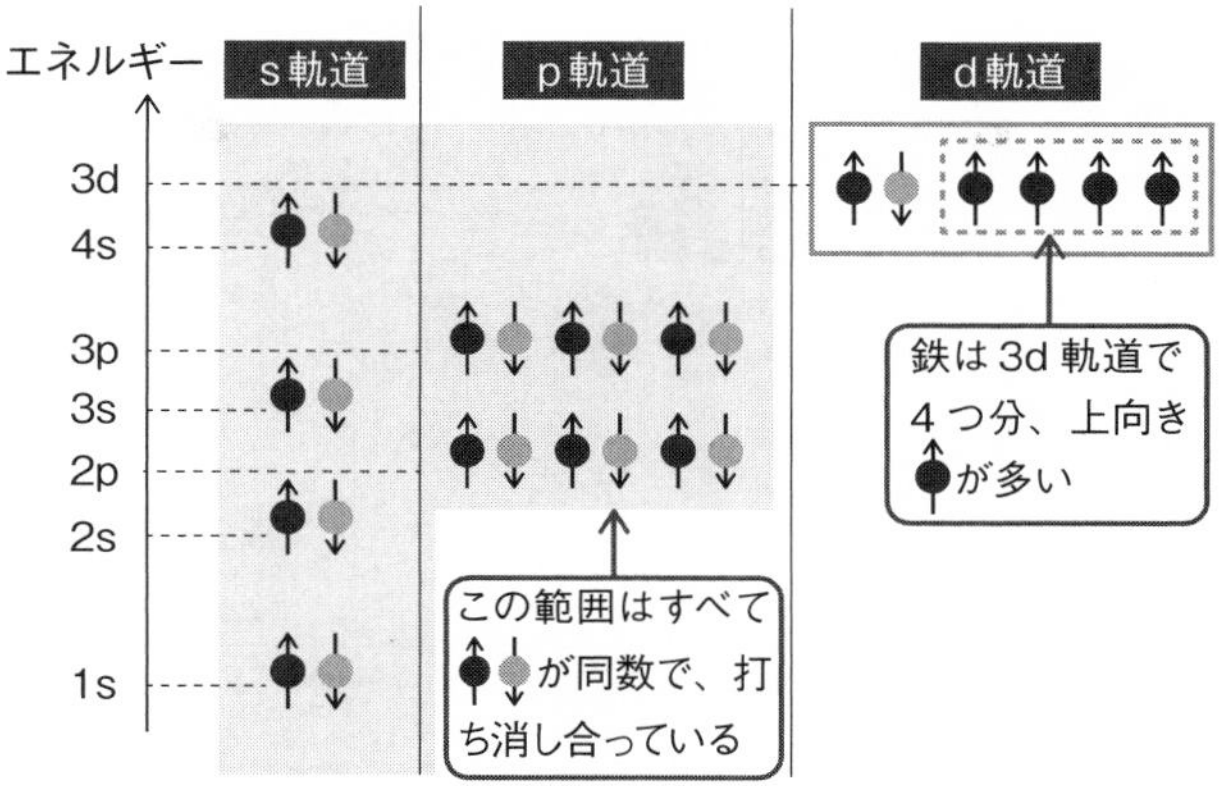

図3-6　強磁性のしくみ
鉄の電子配置を示した。鉄は、d軌道で電子4個が同じ向き（図中では上向き）に偏って配置されるため、自発的な磁化を持つ　〈宝野和博，本丸諒『すごい！ 磁石』（日本実業出版社）より改変〉

電子の磁気モーメントは打ち消され、原子自体は磁性を持ちません。しかし、一部の元素には電子の向きが偏って配置されるという特徴があるため、自発的な磁化を持つものがあります（「不対電子」と呼びます）。こういった元素の代表が鉄、コバルト、ニッケルです。鉄の場合は、電子4個が同じ方向に偏って配置されることによって、自発的な磁化を持ちます。このような特徴のことを「強磁性（フェロ磁性）」と呼びます（図3-6）。

　しかし、鉄は永久磁石にはくっつきますが、鉄自体は本来、永久磁石の性質を持ちません。鉄の内部は「磁区」という領域に分かれています。磁区自体は一定方向の磁気モーメントを持ちますが、そのまわりの

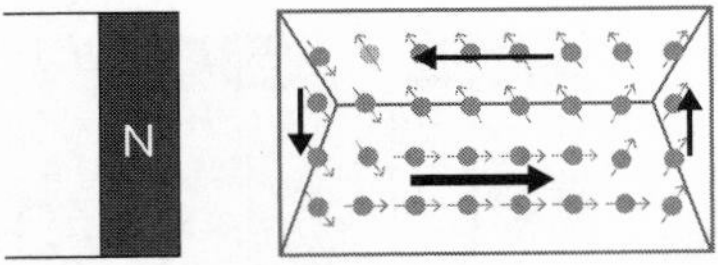

外部から強力な磁場がかかると、
磁壁が移動しはじめる

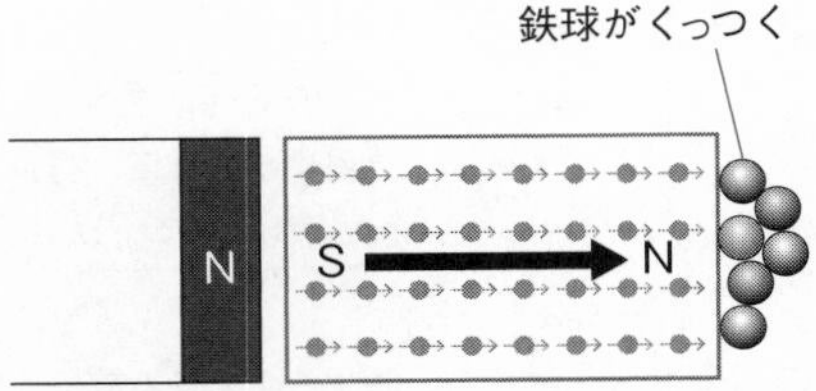

磁区が1つになり、鉄は「磁石」の性質を持ち
鉄球などを吸い寄せる

図3-7　鉄の「磁化が飽和」するしくみ
鉄に永久磁石を近づけると、鉄の内部で磁壁が移動し、磁区が1つになる。すると、その鉄は永久磁石のような性質を持つようになる　〈前出『すごい！ 磁石』より改変〉

磁区は反対向きの磁気モーメントを持ち、全体としては磁化が相殺されているのです。

一方、磁区と磁区の境界のことを「磁壁《じへき》」と呼びます。たとえば鉄に永久磁石などを近づけると、この磁壁が移動することで、外部の磁場に対してもっとも安定した状態に移行します。最終的には磁壁はなくなり、磁区は統合されて1つになります。この状態を「磁化が飽和した」と言い、磁力線が外に飛び出して、鉄自体も「磁石状態」になるのです（図3-7）。

ただし、このような状態はエネルギー的には不安定なので、外部磁場がなくなると、鉄はもとの状態に戻ろうとします。しばらくすると鉄の内部は再び無数の磁区に分かれ、磁性を失う

のです。このように、外部磁場の影響に耐える力のことを「保磁力」と呼びます。たとえば鉄は強磁性ですが、保磁力が低い物質であると言えます。

一方、強磁性体ではないけれど、比較的強い磁性を持つ物質が存在します。たとえば永久磁石になりえる、保磁力の高い物質です。これらは、厳密には強磁性ではありませんが、物質の結晶の中で強度の違うスピンが混在し、お互いの磁化を完全に打ち消すことができないために磁性を持ちます。このような磁性のことを「フェリ磁性」と呼びます。フェリ磁性を持つ物質は、スピンの配置が強磁性体よりも安定しているために、保磁力が高いことが特徴です。たとえば、磁鉄鉱がフェリ磁性を持つ物質の代表格です。磁鉄鉱は岩石に含まれる代表的な磁性を持つ鉱物で、溶岩や堆積物などの残留磁化はおもにこの磁鉄鉱に由来します。

本章の最初に紹介した磁性バクテリアが体内に持っているのもおもに磁鉄鉱です。磁鉄鉱もキュリー温度を持つため、溶岩や炉で焼かれたレンガや陶器なども、高温だった状態からキュリー温度以下に冷えた際に（磁鉄鉱のキュリー温度は約５８０℃）、その場所の磁場（通常は地磁気）を熱残留磁化として獲得するのです。

「自己反転磁化」という不可解な現象

ネールの功績によって、とくに溶岩など火山活動に由来する岩石は、過去の地磁気情報を記録できることが理論的に明らかにされました。しかし、その後も地磁気逆転はなかなか受け入れられません。なぜなら「地磁気逆転」に懐疑的な研究者には、一つの根拠があったのです。それが、「自己反転磁化（または反転熱残留磁気）」という興味深い現象です。これは溶岩が冷却する際に、外部の磁場（地磁気）と逆向きに残留磁化を獲得するという現象で、じつはこれも日本人研究者によって発見されました。

１９５０年代、東京大学の学生だった上田誠也（現東京大学名誉教授）は、溶岩の熱残留磁化を人工的に再現する実験をしていたとき、不思議な現象に気がつきます。群馬県榛名山の（石英安山岩質）軽石のサンプルを炉に入れて加熱し、磁場を与えて冷却したところ、同時に炉に入れた4つのサンプルのうち、１つだけが与えた磁場と反対方向に磁化していたのです。上田は、この結果を指導教官であった永田武（当時・東京大学教授、南極観測隊初代隊長、のちの国立極地研究所初代所長）に報告しますが、「そんな馬鹿なことがあるか」と怒鳴られてしまいます。

しかし、上田が何度実験を繰り返しても同じ結果が出るのです。こうして上田らは、ある種の溶岩は、外部の磁場に対して、逆向きの熱残留磁化を獲得する特徴（自己反転磁化）を持つことを見出したのです。その頃、世界的な潮流として地磁気逆転の存在が徐々に話題になりつつあり、この自己反転磁化は大変注目を集めました。じつは国内でも、この頃、地磁気逆転に懐疑的な永田武の研究グループと、松山基範の発見を支持する京都大学グループは長らく論争を続けていました。そのような状況下で、この自己反転磁化は地磁気逆転の存在を否定する現象、つまり逆帯磁した溶岩はこの自己反転磁化ですべて説明できるかもしれないと考えられたのです。

しかし、その後の研究の進展によって、自己反転磁化は特殊な成分を持つ溶岩でのみ起きるまれな現象であることが明らかになります。一方で、世界各地からは逆帯磁を示す岩石例が続々と報告され、徐々にではありますが、「地磁気逆転説」が優勢になっていきました。とくにこの頃、大阪大学教授だった川井直人が、海底堆積物の地層から逆向きの残留磁化を持つ火山灰の地層を発見したのです。

詳しくは次章以降で解説しますが、堆積物が地磁気を記録するしくみ（堆積残留磁化）は溶岩とはまったく異なり、磁性を持っている鉱物が、堆積して積み重なる過程で地磁気方位に揃って固定されることによって記録されます。このようなプロセスにおいて、堆積物が外部の磁場に対して逆向きの残留磁化を記録することは考えられません。つまり、川井が報告した逆帯磁した地層は、地磁気逆転の存在を強く支持するものだったのです。

しかし、この時点でも地磁気逆転は依然としてマイナーな仮説にとどまっていました。地磁気逆転が地球科学の表舞台に登場するためには、「大陸移動説」の復活と「海洋底拡大説」の誕生を待たねばならなかったのです。

地心軸双極子仮説——地磁気極は北極と一致する

さて、ここで地磁気の「形」に話を移しましょう。先に紹介したように、地磁気は地球の中心に北向きにS極、南向きにN極を持つ棒磁石が作る磁場を仮定するとおおよその説明がつきます（図3-8）。これが双極子磁場です。そして、棒磁石を長さ方向に延長して地表と交差する地点をそれぞれ「地磁気北極」と「地磁気南極」、これらを総称して「地磁気極」と呼びます。

もちろん実際の地磁気は、もう少し複雑な構造を持ち、また時間とともに変化もします。しかし大局的には、地磁気が双極子磁場だからこそ、地球上のどの地点においても、磁石が指す方向から北極や南極の位置がおおよそ決まるのです。それでは、溶岩や海底堆積物の逆帯磁は、過去に起きた双極子磁場の反転（逆転）を意味するのでしょうか？

1950年代、ケンブリッジ大学にこの分野の研究をリードする強力な研究グループが誕生します。核となったのは学位を取ったばかりの若き物理学者ケイス・ランコーン（Keith Runcorn）です。ランコーンの指導教官は、「ブラケットの否定的実験」で知られるパトリック・ブラケット（Patrick Blackett）です。ブラケットは地磁気の存在の説明として、「いかなる物質も回転すれば磁石になる」という新しい学説を提唱し、それを実証するために非常に精密な磁力計を開発しました。

このブラケットの実験は、ランコーンの博士論文のテーマの一部でもありましたが、結果は残念ながらこの学説には否定的なものでした（ブラケットはこの自説を否定する結果を詳しくまとめて発表し、科学者として正しい態度であると賞賛されました）。しかし、このときに開発した磁力計が、のちに岩石の残留磁化の測定で大活躍をすることになります。

火山国として知られるアイスランドには、当然ながらたくさんの溶岩が分布しています。場所によっては古い溶岩の上に新しい溶岩が次々に積み重なる様子が観察できるところもあります。１９５０年前後、ケンブリッジ大学の大学院生だったジャン・ホスパース（Jan Hospers）は、アイスランドの連続する溶岩層の残留磁化を測定し、現在の地磁気に対して古いほうから、正帯磁→逆帯磁→正帯磁という古

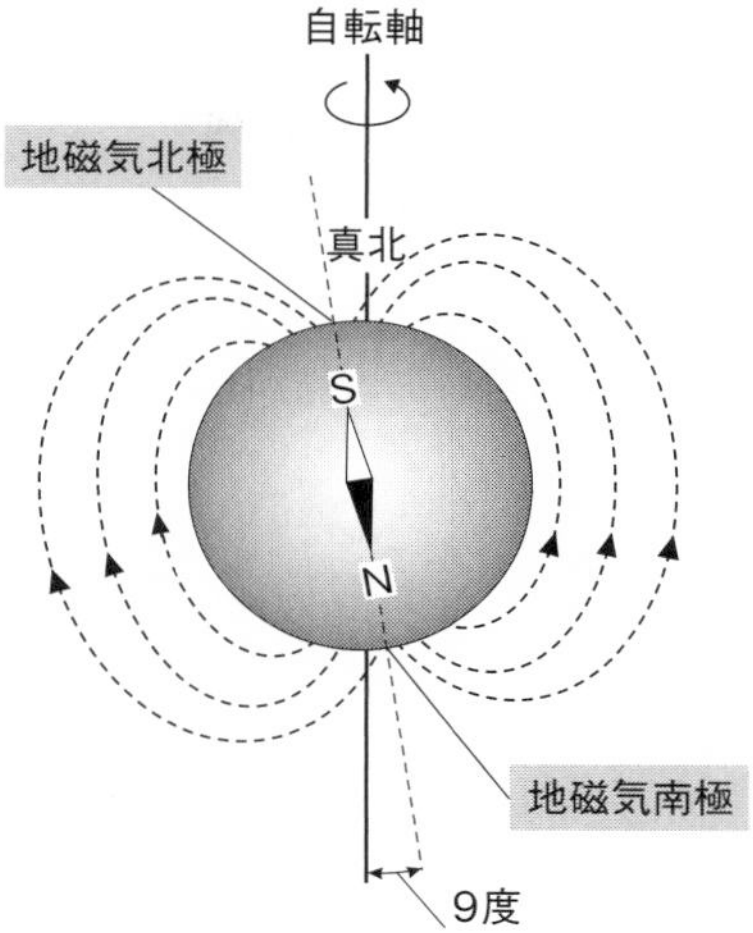

図3-8　地球の双極子磁場と極の関係
現在、地磁気極は自転軸に対して約９度傾いている。だが、その位置は時間とともに変化しており、長い時間スケールで平均すれば、地磁気北極は自転軸に沿った位置に存在する　〈小玉一人『古地磁気学』（東京大学出版会）より改変〉

地磁気方位の変化を見出しました。

ホスパースは、ランコーンの紹介で統計学者のロナルド・フィッシャー（Ronald Aylmer Fisher）の助けを借り、比較的バラツキの大きかった古地磁気データの解析を試みます。するとホスパースのデータは、統計的にそれぞれ地球の北極と南極を指す2つのグループに明瞭に分かれることがわかったのです。

さらにホスパースは、いくつかの重要な点に気がつきます。まず過去に地磁気の逆転が少なくとも正から逆へ、逆から正への2回起きていたこと、そして、推定された溶岩の年代から、この2つの地磁気逆転の間には、50万年程度の時間の間隔があると考えられたことです。さらに興味深いことに、彼のデータの中には、北極または南極以外の中間的な方向を指すものはありませんでした。このことは、少なくともホスパースが採取したアイスランドの溶岩が噴出したときには、地磁気は常に「双極子磁場」であり、基本的には北極もしくは南極方向を指していたことを示していたのです。

ホスパースはこの結果をもとに、「地磁気極は長い時間の平均をとれば、自転軸の位置（北極）と一致する」という仮説を提唱するに至ります。これは現在、「地心軸双極子仮説」と呼ばれ、古地磁気学の基本原理の一つになっています。つまり地磁気極は常に移動し、ときには逆転もするけれども、長い時間スケールでは平均的に地理的な北極（あるいは南極）と一致するということです。

そして、ホスパースの「地心軸双極子仮説」は、地磁気の研究以外にも、のちに地球科学の歴史において非常に重要な意味を持つことになります。地磁気極が常に北極（あるいは南極）に存在し続けるならば、もしある地点の古地磁気方位が示す（見かけ上の）地磁気極と北極の位置が異なっていた場合には、地磁気極ではなく、その地点が残留磁化を記録したあとに移動したことを意味するからです。

北極が移動したのか、大陸が移動したのか

１９１２年、アルフレッド・ウェゲナー（Alfred Lothar Wegener）は、かつて大陸が分裂し、移動して現在の配置になったとする「大陸移動説」を提唱しました。そして、認められることなくこの世を去ったのが１９３０年。それから20年あまり、ほとんど忘れかけられていた大陸移動説が、１９５０年代に突如として「海洋底拡大説」として復活を遂げることになります。この劇的な復活のカギとなったのが、地心軸双極子仮説と古地磁気でした。

１９５１年、ケンブリッジ大学で、ランコーンの研究グループの大学院生となったエドワード・アービング（Edward Irving）は、スコットランドで採取した約７億年前までさかのぼる古い砂の地層の残留磁化の測定に取り組みました。ブラケットの磁力計は非常に感度が高かったた

め、これまでは測定不能だった砂の地層の残留磁化も測れるようになったのです。

測定を始めたアービングとランコーンは、すぐにこの地層の古地磁気が指す北の位置が、「北極」から遠く離れていることに気がつきます。ランコーンは、新たに研究グループに加わったケネス・クリアー（Kenneth Creer）にも参加してもらって、他の時代の地層の古地磁気方位を系統的に調べていきます。すると、ホスパースのアイスランドの溶岩を含めて、比較的新しい時代の地層の古地磁気は現在の北極近くを指すのに対して、岩石の年代が古くなるにつれて古地磁気の指す北の位置が、北極から遠く離れていくことがわかったのです。

彼らはこの、時代が異なった岩石の古地磁気が示す（見かけ上の）北極の位置の移動を「極移動曲線（Polar Wander Path）」として発表します。

この極移動曲線は一般にもたいへん大きな注目を集めます。アメリカではニュース誌『タイム（Time）』にも取り上げられるほどでした（図3-9）。世間では、極移動曲線は、文字どおり過去に「地磁気の北極（地磁気極）」が移動したのだと捉えられたのです。しかし、ランコーンの研究グループは、地心軸双極子仮説を前提とするならば、この極移動曲線は「地磁気極の移動」ではなく、むしろ観測点の移動、つまり「大陸の移動」を示す結果だと考えていたのです。

その後、ランコーンの研究グループは、できあがったイギリス地域の極移動曲線と比較すべく、北アメリカ大陸でも精力的にデータを取得していきます。この頃ランコーンは、グランドキャニオンの絶壁でのサンプル採取を補助できる人間を探していて「だれか地質学を専攻する学生を紹介してほしい。岩石サンプルを運べるだけ体が大きくて、できればラグビー選手が良い」と言っていたという逸話があります（その条件にあった人間は後述のオプダイクだけであり、のちにオプダイクもまた地磁気逆転の研究に大きく貢献するのです）。

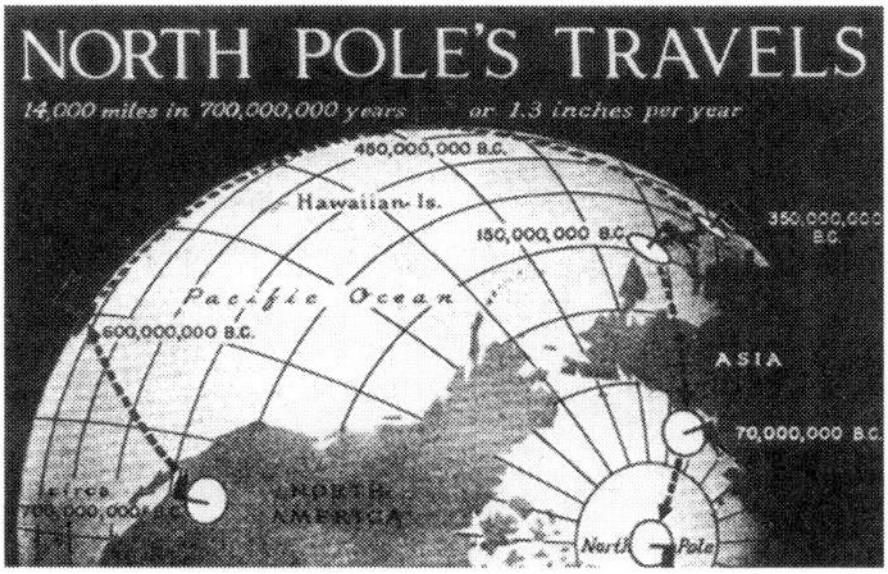

図3-9　極移動曲線を取り上げた『タイム』誌（1954年）の特集
大々的に取り上げられた誌面には、「NORTH POLE'S TRAVELS（旅する北極）」と書かれている　〈Gillian Turner『North Pole, South Pole』より〉

「大陸移動説」の復活

１９５７年頃までに、ランコーンの研究グループは北アメリカ大陸の極移動曲線も描き出すことにも成功しました。そして、イギリスと北アメリカ大陸の２本の極移動曲線を比較したランコーンらは、おどろくべき事実に直面します。２本の極移動曲線は地球上の異なった場所を指していたにもかかわらず、その形はとてもよく似ていたのです（図３-10）。

もし地心軸双極子仮説が成り立つとするならば、

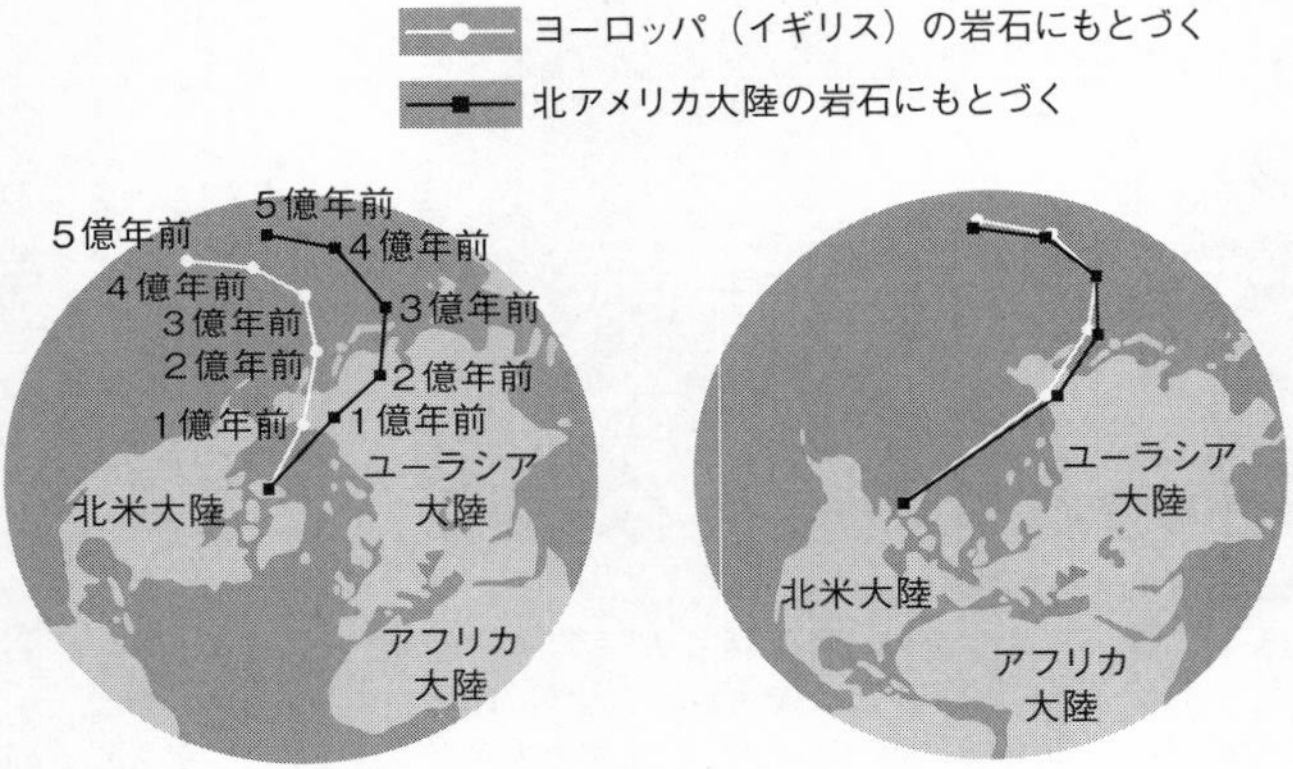

図3-10　古地磁気記録から推定したヨーロッパ（イギリス）と北アメリカの極移動曲線

その後更新されたデータも含めた概念図。異なる地点で観測した極移動曲線は、同じ形をしていることがわかる　〈中島淳一『日本列島の下では何が起きているのか』（講談社）より改変〉

地球上の2ヵ所に地磁気極があるはずはありません。そこで、仮想的に北アメリカ大陸を25度東に動かしてみると、北アメリカ大陸はアフリカ大陸の西海岸におおよそ一致したのです。このような一致は偶然では起こりえません。ランコーンらは、北アメリカとヨーロッパはかつて非常に近接していたけれども、第三紀（219ページ　図7-2の地質年代表を参照）までには分裂し、現在の位置まで移動したという結論にたどりついたのです。

この結果は、ウェゲナーの大陸移動説の復活とともに、岩石の古地磁気の記録が正しいこと、つまり「地磁気逆転」はたしかに存在し、地心軸双極子仮説もまた正しいということも示していたのです。ホスパースが確認したように、地磁気逆転は基本的に10万〜１００万年スケールで観測される現象なのに対して、極移動曲線から導かれる大陸移動は、もっと長い数千万年から数億年スケールでの現象だったのです。

ランコーンの研究グループが世界の常識をひっくり返し続ける激動の中、前出のアービングは研究成果を論文にまとめてケンブリッジ大学の博士号審査に臨みます。しかし、不幸にも、当時のケンブリッジ大学にはこのあまりに先駆的な研究を十分に評価できる審査員がおらず、アービングの博士号申請は却下されてしまいます。後年、彼はこのときのことを振り返り、「私は博士号の取得に失敗した数少ない人の一人です」と語ったそうです。アービングは、博士号を取得することなくケンブリッジを去り、オーストラリアに活路を求めます。約10年後、オーストラリアでも大陸の移動を示す研究成果を積み上げ、数多くの論文を発表したアービングは、ケンブリッジ大学から最高ランクの学位を授与されました。

海底に見つかった「縞模様」

ランコーンらがイギリスや北アメリカの大陸移動を実証しつつあった頃、海洋底の研究においてもブレークスルーが訪れようとしていました。

そもそも19世紀後半から海底に電信用ケーブルが設置され始めると、それまで平坦と考えられていた海洋底には、比高が2000mを超える高まりがあることがわかってきました。その後、音波を使った海底探査法が確立された1950年頃までには、海底には中央海嶺と呼ばれる4万㎞を超える大山脈が、世界中の海底に野球ボールの縫い目のように連なっていることがわかってきたのです。

そして、この中央海嶺にはたいへん興味深い特徴がありました。中央海嶺の頂部にはたいてい明瞭な溝があり、それは、中央海嶺が両側に引っ張られることによって引き裂かれ、割れたように見えたのです――まるで海洋底が拡大して形成されたかのように。

ニューヨークにあるコロンビア大学のラモント地質学研究所（現ラモント・ドハティ地球観測研究所）は、1949年に設立されたアメリカを代表する海洋研究の拠点です。初代所長の地球物理学者のモーリス・ユーイング（Maurice Ewing）は、強力なリーダーシップで、未知の領域である海洋底の謎に取り組むべく、大西洋での海底地形データ収集を推し進めました。

一方、太平洋側にはカルフォルニアのラホヤに設置されたスクリプス海洋研究所があります。スクリプス海洋研究所の設立は1900年代初頭にさかのぼりますが、1948年にロジャー・レベル（Roger Revelle）が所長になると、こちらも突然海洋底の研究に邁進することになります。加えてこの頃、海洋調査船を使った海底探査の新兵器として、プロトン磁力計という精密な地磁気測定を可能とする装置が搭載されるようになります。プロトン磁力計は、水の中の陽子

（プロトン）の運動が地磁気の強度によって周波数を変えることを利用したもので、船上での地磁気測定に大変適していたのです。

　プロトン磁力計を用いた最初の本格的な地磁気探査は、スクリプス海洋研究所のチームによって、カナダ沖合の太平洋でおこなわれました。

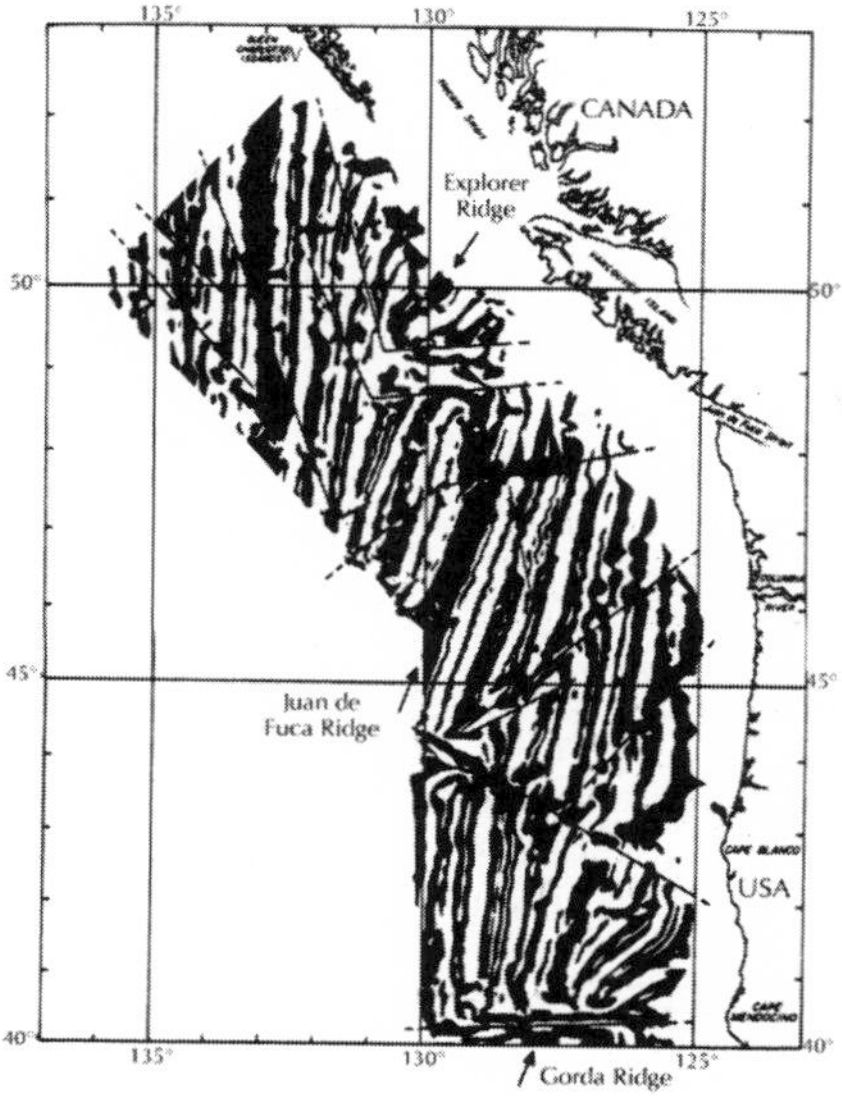

図3-11　北アメリカ大陸沖の太平洋から得られた海底の地磁気異常データ
縞状になった黒と白の部分は、それぞれプラスまたはマイナスの地磁気異常に対応している
〈Gillian Turner『North Pole, South Pole』より〉

　前述のように、地磁気は基本的には双極子磁場で説明されますが、場所によってわずかながらズレが存在します。そのズレを「地磁気異常」と呼び、基本的には、観測点の下（海上なら海底）にある地層や岩石などの磁化を反映しています。

　スクリプス海洋研究所による海洋底の地磁気探査で

も、最初は測線上にプラスまたはマイナスの地磁気異常を記録していくのみでした。しかしデータが集まり、全体を地図上に表示できるようになると、衝撃的なイメージが浮かび上がってきます。これまで陸上の探査で見られたようなランダムな地磁気異常とまったく異なり、海底にはきわめて規則的な縞模様の地磁気異常のパターンが存在していたのです（図3-11）。

なぜ海底にはこのような規則的なパターンの地磁気異常が存在するのか、関係者をたいへん悩ませました。多くの研究者は、海底には強く磁化した岩石と、弱く磁化した岩石が存在するためだと考えましたが、どうして磁化の強さが異なる岩石がこのように規則正しく並ぶのかについては、誰も説明できなかったのです。このような状況の中、まったく別の方面からこの地磁気異常の縞模様を説明するアイディアが登場することとなりました。

すべての仮説を統合するモデルの登場

1962年、ケンブリッジ大学のドラモンド・マシューズ（Drummond Matthews）と彼の研究グループの学生だったフレデリック・バイン（Frederick Vine）は、インド洋北西部のカールスバーグ海嶺で得られた地磁気異常データの解析を始めました。

じつは、マシューズとバインは別の分野の研究とはいえ、次々と新しい報告がされつつあった地磁気逆転についてよく知っていたのです。そして彼らは地磁気逆転の存在を前提とすること

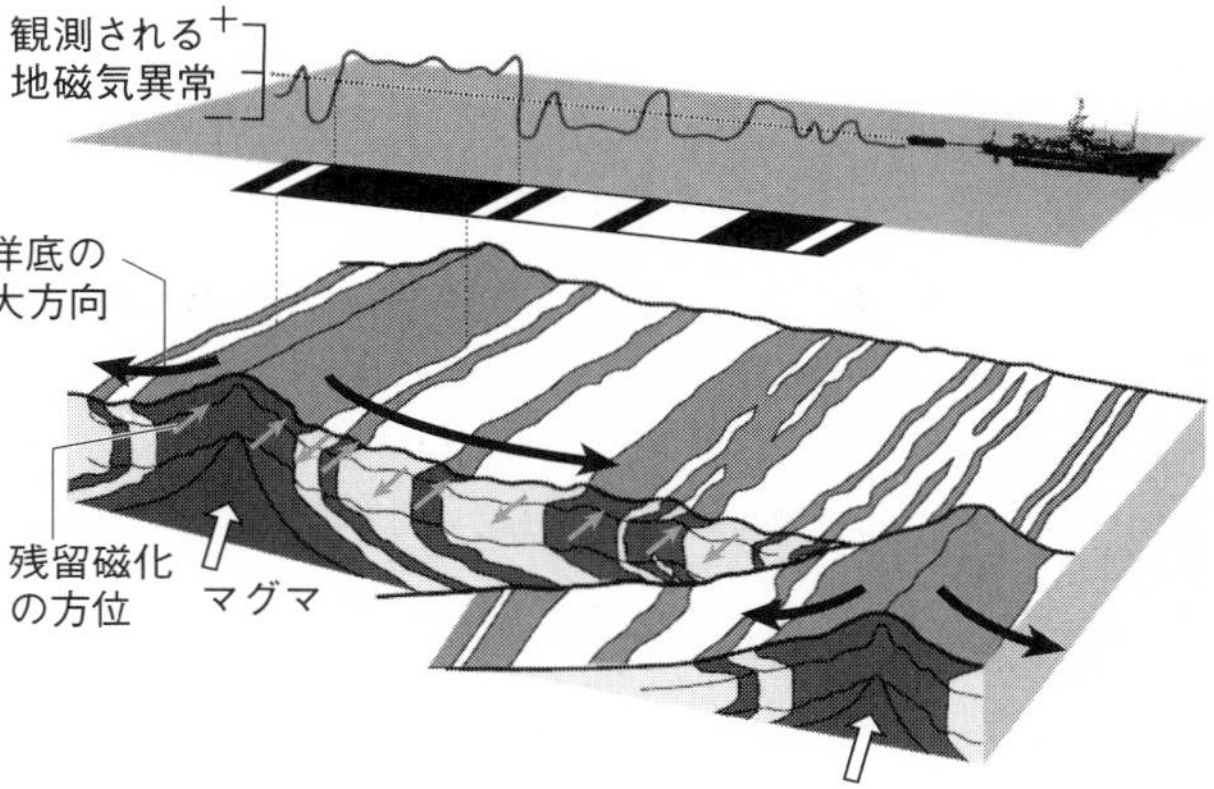

図3-12　テープレコーダーモデルの原理
地磁気異常の縞模様から推定した海洋底拡大。黒と白はそれぞれ正帯磁と逆帯磁を示す　〈『Treatise on Geophysics（2nd Edition）』vol.5, Geomagnetism より改変〉

で、大きな発想の飛躍をとげます。海底の地磁気異常は、岩石の磁化の強弱ではなく、「時とともに海洋底が拡大したことで、地磁気の逆転に対応して海底の岩石の残留磁化の向きが正帯磁または逆帯磁と交互に並んでいるのだ」と（図3-12）。

彼らのアイディアは、その当時まだその存在自体が議論のただ中にあった「地磁気逆転」、「熱残留磁化」、そして「海洋底拡大」をすべて統合し、一度に説明してしまうという画期的なものでした。

海洋底は中央海嶺における噴火活動によって作られます。このときマグマは急速に冷却され、そのときの地磁気を熱残留磁化として獲得します。もし地磁気が正ならば正帯磁、逆ならば逆帯磁となります。生成された海洋底（海洋地殻）は時間とともに両側に拡大していきます。このため、規則正しい地磁気異常の縞模様が中央海嶺を中心として両側に対照的に形成されるのです。この新しい学説は「テープレコーダーモデル」と呼ばれます。マシューズとバインはこの考えをまとめ、1963年9月に『ネイチャー』誌に発表し、大きな反響を呼びました。

一方、マシューズとバインの発見とほぼ同時期に、カナダ地質調査所のローレンス・モーリー（Lawrence Morley）も彼らと同じ結論に達していました。じつは、モーリーはマシューズとバインより数ヵ月前に同様の内容の論文を『ネイチャー』誌に投稿していたのですが、彼の論文は掲載を拒否されていました。しかしモーリーは諦めず、この論文を別の雑誌に投稿します。ですが、今度は論文の査読者に「興味深いが、科学論文として発表するよりは、カクテルパーティで議論するほうが適切だろう」とひどい侮辱を受けて突き返されてしまうのです。

モーリーの論文は最終的に『Royal Society of Canada』という比較的マイナーな学術雑誌に掲載されました。この経験のせいか、その後モーリーは海洋底の地磁気異常の研究をやめ、衛星を使ったリモートセンシングの世界に転向し、その草分けとして大成功することとなります。ただし、地磁気逆転の残留磁化記録と海洋底拡大によって海底の地磁気異常を説明するこの画期的なモデルは、今日、「バイン-マシューズ-モーリー仮説」と呼ばれ、地球科学発展の歴史の重要な一ページとして記憶されています。

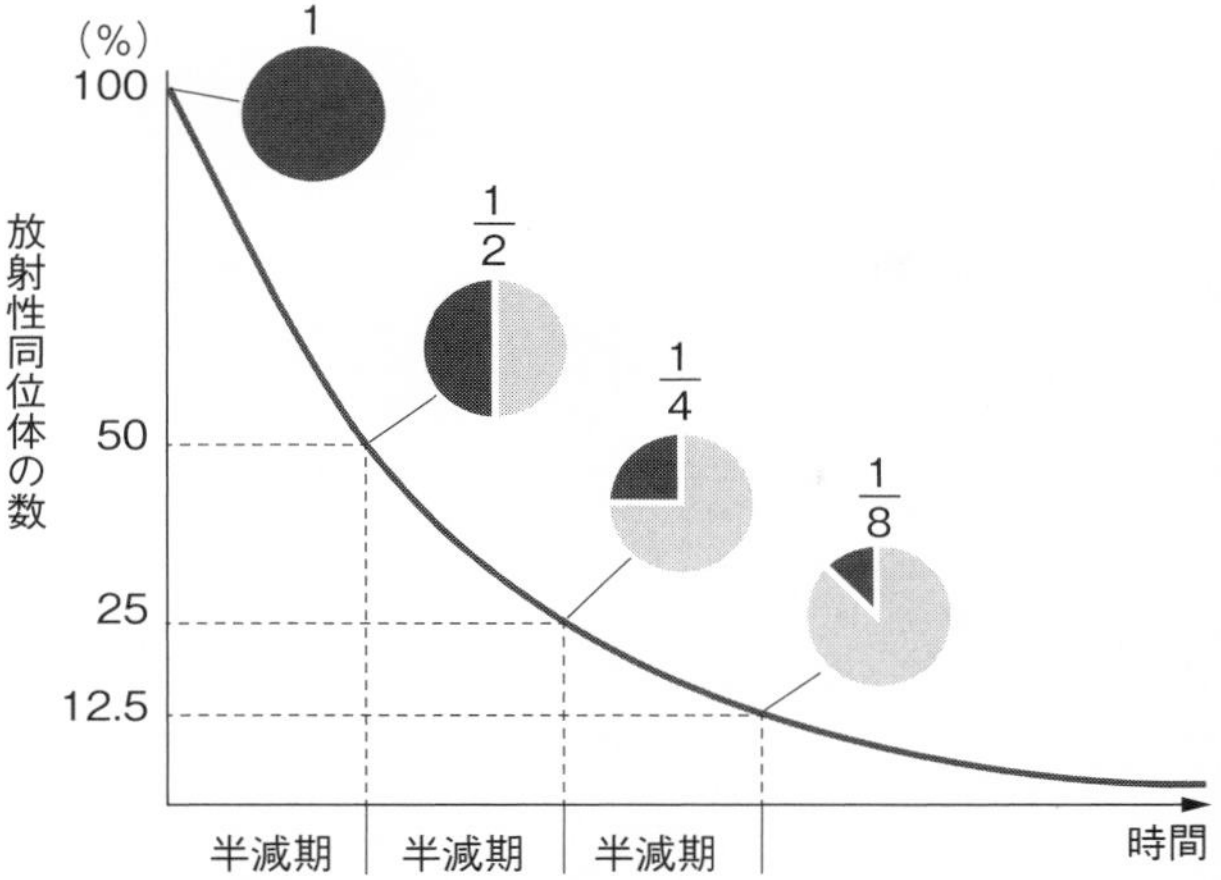

図3-13　放射性同位体を使った放射年代測定
ウラン238などの放射性同位体は、放射壊変を起こして異なる核種へと変わっていく。物質によって数が半分になる時間（半減期）が決まっているため、その数を調べることで、時間の経過を知ることができる

地磁気逆転の歴史の解明

バイン-マシューズ-モーリー仮説によって、海洋底拡大と地磁気逆転の存在がまとめて解明されたかに見えましたが、じつは地磁気逆転についてはいまだ論争が続いていました。

そんな状況を打開したのは、岩石が形成された年代を調べるというアプローチです。ウランなどの放射性同位体は、原子核が不安定なため、一定の割合で放射壊変を起こして異なる核種へと変わっていきます。この特性を岩石などの形成年代を知るために用いたのが「放射年代測定」です（図3-13）。

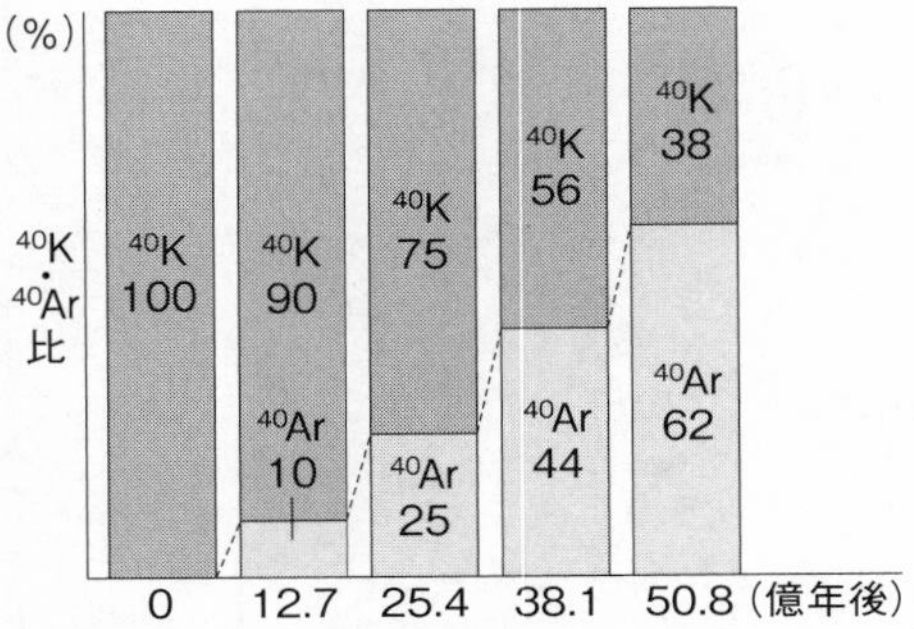

図3-14　カリウム-アルゴン法の例
時間とともにカリウム40とアルゴン40の比が変化していく　〈鎌田浩毅『地学ノススメ』（講談社）より改変〉

たとえば溶岩の場合には、マグマに含まれていたカリウム40が放射壊変して、「カルシウム40」と「アルゴン40」に変わります。したがって、岩石に最初から含まれるカリウム40とあとからできたアルゴン40の量がわかれば、その溶岩の年代を明らかにすることができるのです（図3-14）。この手法を「カリウム-アルゴン法（K-Ar法）」と呼びます。1950年代にカリウム-アルゴン法が実用化され、溶岩の年代を調べることが可能となったことがきっかけとなり、地磁気逆転の論争に終止符が打たれることになったのです。

1964年、アメリカのアラン・コックス（Alan Cox）らが「地磁気の逆転（Reversal of geomagnetic field）」という題名の革命的な論文を発表します。彼らは、これまで議論が収束していなかった地磁気逆転の証拠として、世界各地から集めた岩石の古地磁気を測定すると同時に、これらの岩石の年代を測定していったのです。

その結果、世界各地から集められたデータは場所にかかわらず、同時期の岩石は同じく正帯磁または逆帯磁の古地磁気を持っていました。この事実は、地磁気逆転が岩石の自己反転磁化では説明ができず、地球全体で起きる双極子磁場が逆転する現象であることをハッキリと示していたのです。

この論文は、過去の地磁気逆転の歴史（「地磁気極性年代表」と呼びます）解明のレースの幕開けとなりました。アービングもメンバーであったオーストラリアの研究チームなども負けじとデータを量産していきます。彼らの研究成果は毎年のように『ネイチャー』誌や『サイエンス』誌に掲載されます。わずか10年あまりの間に、地磁気極性年代表は次々に更新され、どんどん細かく、精度が良いものとなっていきました。そして、1979年には約500万年前にまでさかのぼる地磁気極性年代表が作成されるに至ったのです（図3-15）。

またコックスらは、地磁気極性年代表に新しい命名法を導入します。ある程度同じ極性を持つ期間を「磁極期（epoch）」と名付けました。そして最初の4つの磁極期に（新しいほうから順に）、「ブルン（正磁極期）」「松山（逆磁極期）」「ガウス（正）」「ギルバート（逆）」と、地磁気の研究に貢献した先人の名前をつけたのです。そして、各磁極期の境界を、たとえばいちばん最近の地磁気逆転である松山期とブルン期の境界を、「松山-ブルン境界」と表すことにしたので

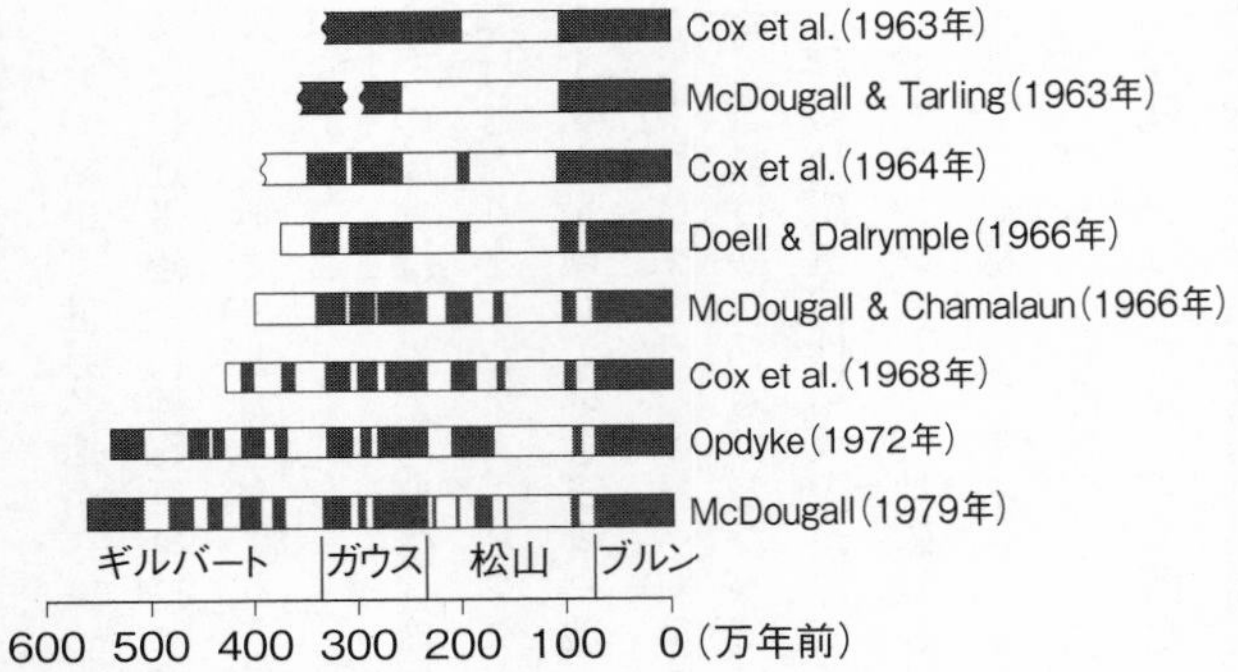

図3-15　地磁気極性年代表
過去の地磁気逆転の歴史を示している。黒と白の部分は、それぞれ現在と同じ極性の「正磁極期」と、現在と逆の「逆磁極期」に対応〈Robert F. Butler『Paleomagnetism：Magnetic Domains to Geologic Terranes』より改変〉

す。こうして、地球の歴史の一部として、日本人として初めて松山基範の名前が刻まれました。

地磁気逆転の実証からプレートテクトニクスへ

1966年、前出のケンブリッジ大学のバインは、コックスらが作成した地磁気極性年代表をもとにして、中央海嶺の拡大速度を一定として海底の地磁気異常を仮想的に作成すると、実際の地磁気異常データとピッタリ一致することに気がつきます。地磁気極性年代表によって、テープレコーダーモデルの正しさが改めて確認されたのです。

さらにバインは、この地磁気極性年代表と地磁気異常の関係を利用して、海洋底拡大の速度を求めます。その結果、東太平洋の海洋底拡大の速度が年間約4〜5㎝であることが明らかになったのです。

一方、ラグビー経験を買われてランコーンのグループの一員となった（89ページ参照）ニール・オプダイク（Neil Opdyke）は、ケンブリッジ大学で学位を取得したあとアメリカに戻り、ラモント地質学研究所に所蔵されていた海底堆積物の古地磁気測定を始めます。海底堆積物の残留磁化は非常に弱く、測定がたいへん難しかったのですが、オプダイクは新開発の磁力計を使うことでこの課題にチャレンジしたのです。

オプダイクは測定を進め、海底堆積物の上部はブルン期の正帯磁を示す一方で、その下部には松山期に対応する逆帯磁の地層があることを明らかにします。さらにデータをよく見ると、地磁気極性年代表の中にある短い逆転イベントまでもが、海底堆積物の古地磁気に記録されていたのです。

先に触れたように、海底の静かな環境下で堆積物が降り積もった地層は堆積残留磁化を獲得します。このような海底堆積物の堆積はとてもゆっくりとしたものなので、10ｍほどの海底堆積物に１００万年を超える期間の地磁気逆転の歴史が刻まれていたのです。そして、のちほどこの海底堆積物の残留磁化は、本書のメインテーマである地磁気逆転の謎と、さらにはチバニアンの誕生に深く関わってくることになります。

こうして「地磁気逆転」は、溶岩、海洋底の地磁気異常、そして海底堆積物のすべてから明確

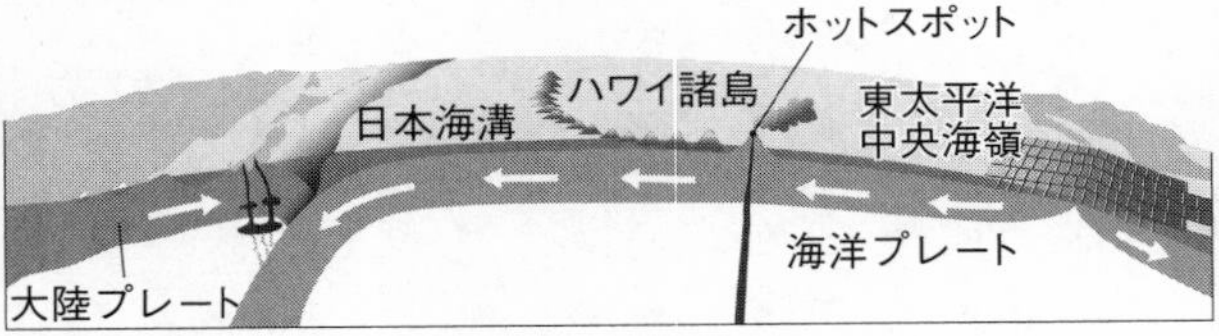

図3-16　プレートテクトニクスのしくみ
プレートは中央海嶺で作られ、海溝から別のプレートの下に沈み込んでいく　〈『地学図録』（数研出版）より改変〉

な証拠が見出されることによって、その存在が確認されました。また、地磁気逆転の存在は、同時に海洋底拡大説が正しいことも示しており、これらの成果を統一的にまとめることで、このあと「プレートテクトニクス」が成立していくことになります。

プレートテクトニクスは、地球表面がプレートと呼ばれる10枚以上の岩盤で覆われ、これらが移動・衝突することによって地球上のさまざまな地学現象が起こることを統一的に説明する理論です（図3-16）。この理論の登場によって、地震や火山噴火などのしくみが理解されることになりました。プレートテクトニクスについては一般向けの良書がたくさん出版されていますので、ぜひご一読下さい（巻末・参考図書参照）。

こうして作り上げられた地磁気極性年代表は、地磁気の研究だけでなく、地層や海洋底の年代決定に不可欠なツールとして広く利用されるようになります。地磁気逆転は、溶岩など火山活動に由来する岩石や海底堆積物のほか、湖や河川、砂漠などさまざまな場所で作られる地層でも古地磁気として記録されるため、化石や放射年代などの手がかりがなくとも、地層の年代測定や遠く離れた地層同士の比較が可能となるからです。現在、こういった学問を「古地磁気層序学」と呼びます。

１９９０年代に入ると、放射年代測定の高精度化と、海底堆積物に新たな年代決定（あとで詳しく説明する、地球の軌道や自転の特性に由来する周期的な気候変動を使った年代決定方法）が導入されることによって、地磁気極性年代表がさらに高精度化されていきます。

１９８０年代までは69万年または73万年前とされていた、最後の地磁気逆転である「松山-ブルン境界」の年代は、その後78万年前に修正され、そして現在では77万年前へとさらに修正されていきます。この地磁気逆転年代の高精度化のストーリーについては、第5、6章で詳しく説明したいと思います。

column 1

古地磁気からわかった日本列島の成り立ち

古地磁気の研究は、日本列島の成り立ちの解明にも大きな貢献をしてきました。本章で紹介した大阪大学の川井直人は、日本各地の岩石の残留磁化を測ったとき、地磁気逆転以外にも非常に重要な事実に気づきました。

それは、西日本に分布する白亜紀の岩石の古地磁気は北東方向を、東日本の岩石の古地磁気は北西方向を指すということです。この古地磁気データからインスピレーションを得た川井らのグループは、日本列島が白亜紀以降に西南日本は時計回り、東北日本は反時計回りの回転運動をすることで現在の形になったというアイディアを発表しました。これを「日本列島折れ曲がりモデル」と呼びます。このモデルは、日本列島の成り立ちを初めて具体的に示したものとして、大きな注目を集めました。

その後、1980年代以降になって、おもに乙藤洋一郎（神戸大学名誉教授）らのグループなどによって、日本列島各地の溶岩など火山活動に由来する岩石を対象として、精力的に研究が進められました。乙藤らはとくに岩石の年代に注目することで、日本列島が変形した時代を絞り込んでいったのです。そして、西南日本の回転は約１５００万年前に起き、同時に日本海が拡大することで日本列島はユーラシア大陸から切り離されたと結論づけました。

一方、東北日本の変形はやや複雑ですが、大局的にはやはり約１５００万年前までには回転運動を終え、現在の形になったとしました。このように、約１５００万年前までに日本海が拡大すると同時に、西南・東北日本が別々に回転しつつユーラシア大陸から離れたというアイディアは、日本各地で韓国や中国と連続する地層が見られることや、日本列島の日本海側にこの時代の海底

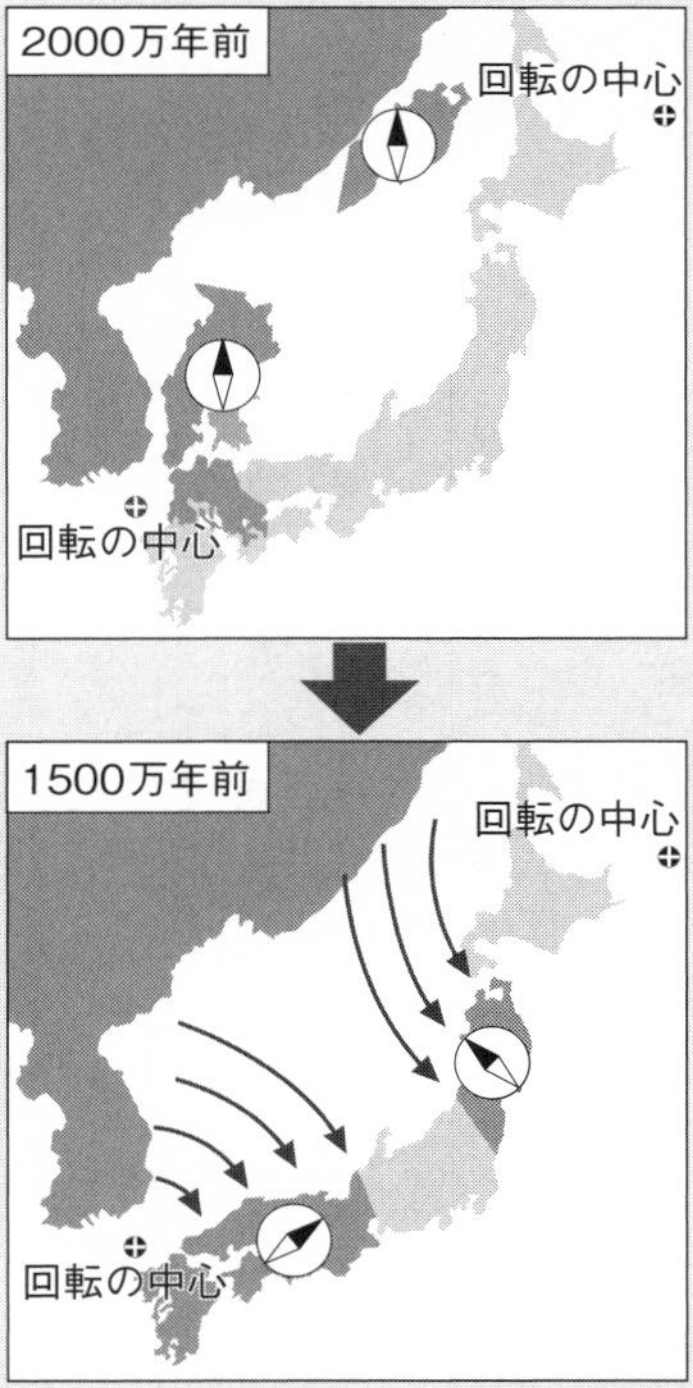

図3-A　日本海が拡大し日本列島が作られた様子を示す「観音開きモデル」
〈高橋雅紀『GSJ 地質ニュース』(vol.6, 113-120) より改変〉

火山噴火の痕跡が存在することを整合的に説明したのです。

現在、この西南・東北日本の2枚の扉が観音開きをするように回転したことによって日本海と日本列島の形成を説明するモデルを「観音開きモデル」と呼びます（図3-A）。

その後、富山大学の石川尚人教授、愛知教育大学の星博幸教授、岡山大学の宇野康司教授など日本各地の大学や研究機関の古地磁気研究者が、放射年代や古生物分野の研究者と協力して、より精緻な日本列島やユーラシア大陸東部の形成史の復元に取り組んでいます。松山基範の蒔いた古地磁気研究の種は、日本列島誕生解明の物語としても結実したのです。

第4章

変動する地磁気

——逆転の「前兆」はつかめるか

人工衛星が故障する「あるエリア」

地球は宇宙空間を旅する宇宙船のようなものだと言われます。実際に地球は宇宙空間にあり、常に太陽からの紫外線や太陽風、そして太陽系外から飛来する強力な銀河宇宙線にもさらされています。地磁気は、これら強力な宇宙からの攻撃に対して、地球表層を守るバリアのような役割を果たしているのです。

バリアとしての地磁気の役割が端的にわかる証拠があります。カラー口絵 図4は、地表から高度500㎞の地磁気強度を示しています。これを見てわかるとおり、地磁気強度は場所によって異なります。地磁気は、南北の磁極において磁力線の密度が大きくなるため強度が大きくなり、磁力線のまばらな赤道域では弱くなります。これは地磁気の形が基本的には双極子磁場で説明できることを意味します。

しかし、地磁気には双極子磁場以外の成分もあるため（これを「非双極子磁場」と呼びます）、場所によって周囲より強いところや弱いところもあります。こういった地磁気強度のバラツキの中でもとくに顕著なのは、南大西洋域の地磁気が非常に弱いエリアです。一方、図中の白い点は、宇宙空間を飛ぶ人工衛星が故障を起こす地点を示しています。驚くべきことに、人工衛星の故障が集中するエリアは、南大西洋の地磁気が弱いエリアと見事に一致するのです。人工衛星はハイテク機器の塊なので、半導体デバイスなどがたくさん搭載されています。こういったデバイスは、高エネルギー粒子である宇宙線の衝突を受けることで、電磁パルスによる半導体の損傷や帯電によって電気系統に異常を起こします。こういった不具合が積み重なると、人工衛星にとって致命的な故障に至る場合があるのです。

地球の磁場がなくなる日

このように、地磁気バリアは日常生活で実感することはあまりありませんが、じつは現代社会と密接に関係しており、社会の発達とともにその重要度を増しているのです。もし地磁気強度が弱まれば、人工衛星の故障以外にも、世界の送電網や携帯電話など通信網、そしてGPSなども大きな影響を受けると考えられます。

それでは、地磁気バリアはこの先も変わらず地球表層を守り続けてくれるのでしょうか?

第2章でも紹介したように、じつは1830年代に地磁気観測が開始されて以降、地磁気強度は一貫して低下し続けています。もし、このまま地磁気強度の低下が続くとすると、約1000~2000年後には地磁気強度はゼロになってしまいます。

しかし、地磁気の変動は、ゆっくりかつとても複雑なので、わずか200年ほど前に始まった観測からだけでは、現在の地磁気強度の低下が地磁気逆転に向かう前兆なのか、それとも単なる地磁気の「ゆらぎ」なのかの判断はできません。そこで重要となるのは、溶岩など火山活動に由来する岩石や、海底や湖底などに堆積した地層（海底・湖底堆積物）に残される過去の地磁気変動の痕跡、古地磁気です。古地磁気を調べることで過去の地磁気の方位だけでなく、過去の地磁気強度を推定することができるのです。このようにして遠い昔にさかのぼって地磁気の変動を紐解くことで、地磁気逆転の謎も探ることが可能となるのです。

本章では、溶岩や海底堆積物を使った過去の地磁気推定の原理と、これまでに明らかになってきた過去の地磁気変動について見ていきます。そして、最近話題になっている地磁気強度が急激に低下する「地磁気エクスカーション」と呼ばれるイベントと、生命の絶滅・進化に関係する最新の学説などについても紹介しましょう。

過去の変動を「観測」する方法

1940年代、地磁気逆転の存在の議論が続く中で、東京大学の永田武やフランスのテリエ夫妻（Émile and Odette Thellier）らの研究によって、溶岩や陶器などの磁化（熱残留磁化）から、それらが冷えたときの地磁気の強さ（古地磁気強度）の推定が試みられるようになりました。

これはきわめて重要な意味を持ちます。ガウスに始まった地磁気観測の記録は、1830年代以前にはさかのぼることができません。しかし溶岩や陶器などの「記録媒体」を使えば、遠い過去の地磁気強度の変動を、現代において「観測」することができるのです。ここでは、とくに溶岩に注目して、熱残留磁化の原理と古地磁気強度の推定方法について紹介しましょう（先にもお話ししましたが、溶岩に限らず、岩石・地層・陶器などに記録される過去の地磁気情報のことを「古地磁気」と総称します）。

一般に、火山噴火等で溶岩が噴出するときの温度は８００～１１００℃以上の高温です。一方、岩石の中の主要な磁性鉱物である磁鉄鉱のキュリー温度は約５８０℃です。したがって、溶岩が噴出したとき、磁鉄鉱は磁性を持ちません。

キュリー温度を下回ると、磁性鉱物は磁石としての性質を持ち始め、温度が下がるとその磁石の方向は地磁気方位に固定され、「磁化」されます。これが「熱残留磁化」です（図４-１）。言い換えると、溶岩は弱いながらも永久磁石となるのです。たとえば、「富士山麓の青木ヶ原樹海では方位磁石が役に立たない」という話も、樹海の下の厚い溶岩が複雑に磁化しているために、その影響で方位磁石が磁北を指さないという現象からきています（ただし、実際にはかなり溶岩に近づけないと方位磁石は狂いません）。

溶岩から地磁気の「強さ」を測る

熱残留磁化のもっとも重要な法則は、「熱残留磁化の強さは、熱残留磁化が獲得されたときの外部磁場（地磁気）の強度に比例する」ことです。そして、この法則を利用することで、溶岩や

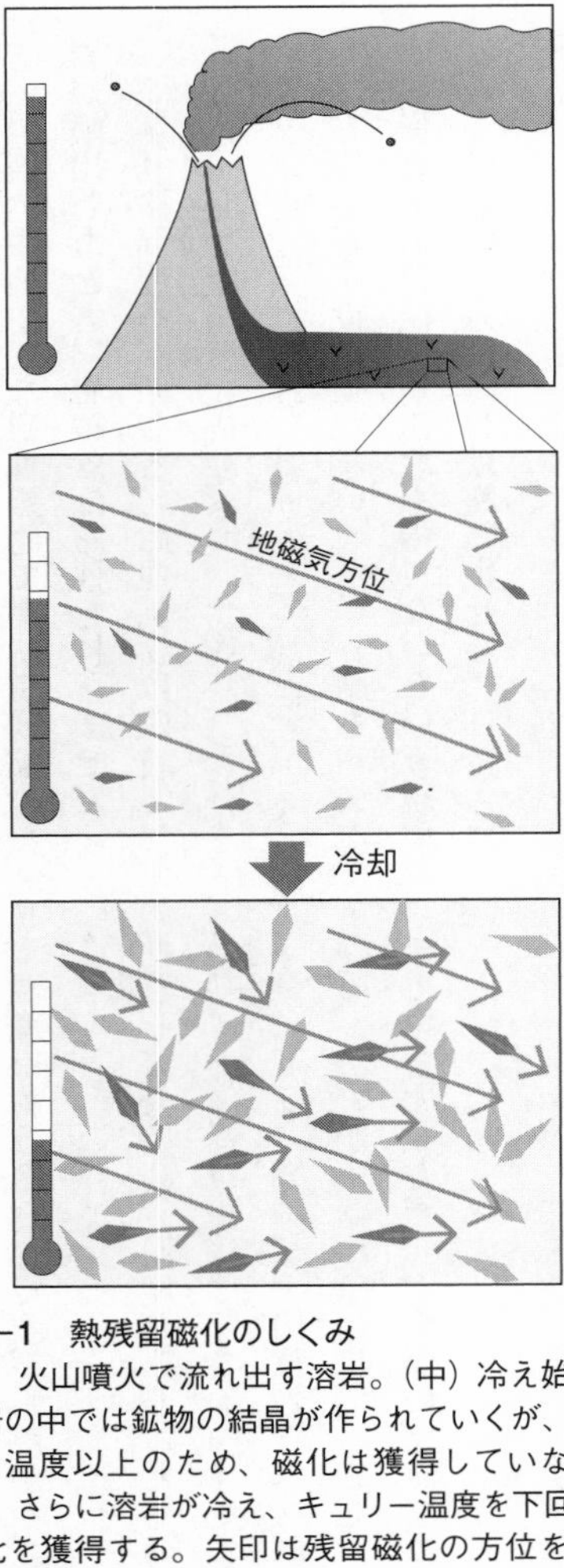

図4-1　熱残留磁化のしくみ
（上）火山噴火で流れ出す溶岩。（中）冷え始めた溶岩の中では鉱物の結晶が作られていくが、キュリー温度以上のため、磁化は獲得していない。（下）さらに溶岩が冷え、キュリー温度を下回ると磁化を獲得する。矢印は残留磁化の方位を示す
〈『Treatise on Geophysics（2nd Edition）』vol.5, Geomagnetismより改変〉

陶器が熱残留磁化を獲得したときの古地磁気強度を推定できるのです。

ここから１２０ページまで、具体的な古地磁気の測定方法について解説していきます。専門的な話でややこしいと感じるかもしれませんが、古地磁気学ではこのように地道な方法で過去の地磁気変動を紐解いてきたのだというのを知っていただきたくて、あえて紹介します（筆者もこの手法を学んだとき、すごく地味な作業だなあと思いました）。

まず、溶岩などのサンプルの熱残留磁化の強度を測定します。次に、人工的な磁場中でそのサンプルをキュリー温度以上まで加熱し、人工的な熱残留磁化を獲得させ測定します。すると、人工的な磁場の強さと人工的な熱残留磁化の強度を比較することで、外部磁場に対する熱残留磁化の獲得効率が決まります。そして、この熱残留磁化の獲得効率と、サンプルの熱残留磁化の強度から、そのサンプルが最初に熱残留磁化を獲得したときの古地磁気強度が推定できるのです。

ただし、この手法は、加熱によってサンプルの性質が変化しないことが前提条件となります。実際、溶岩などの天然のサンプルは、加熱によってしばしば化学変化などを起こして磁気的な性質が変わってしまいます。この場合、実験室内で求めた熱残留磁化の獲得効率は天然の状態と異なるため、古地磁気強度を正確に推定できません。

そこで、テリエ夫妻は、サンプルを高温へと段階的に加熱することで変質の起こる温度を評価し、古地磁気強度をより正確に推定する方法「テリエ法」を考案しました（図４-２）。現在、多

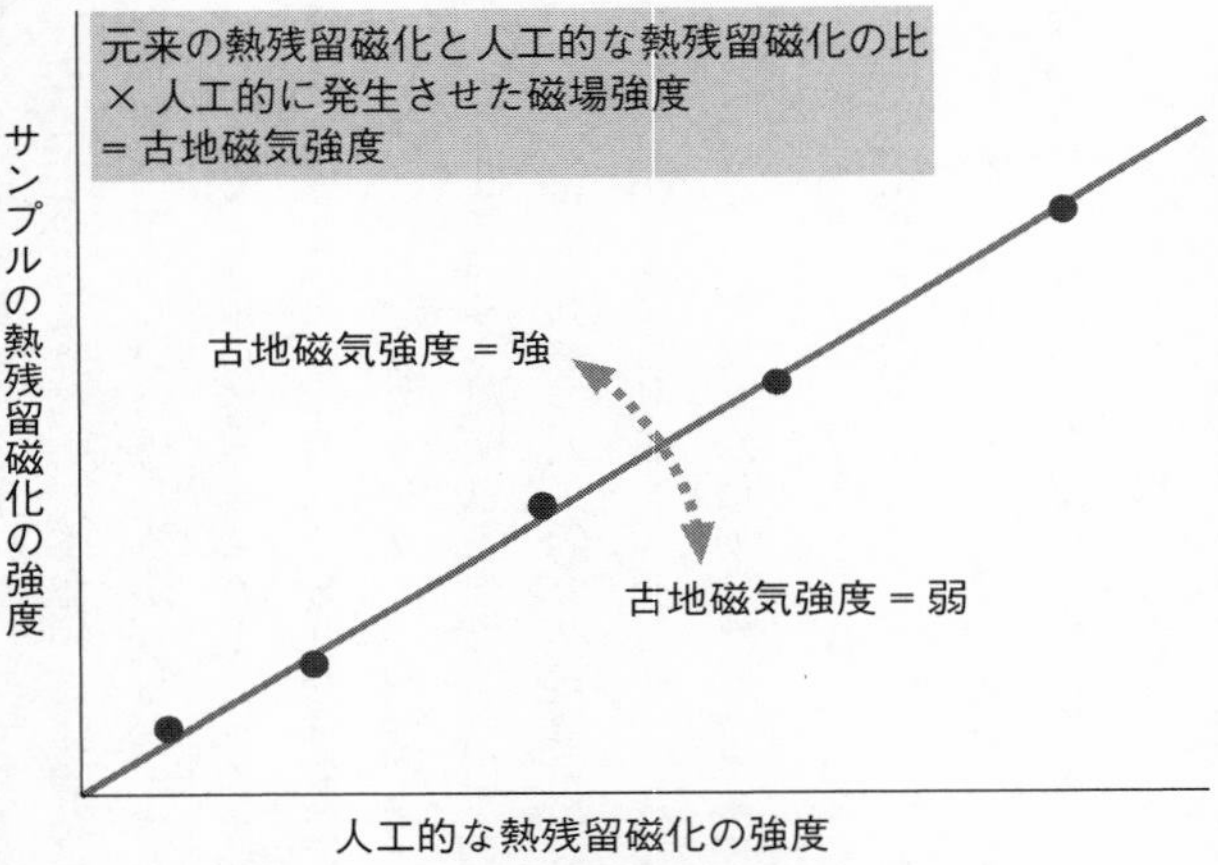

図4-2　テリエ法で古地磁気強度を推定する
実験室で与える人工的な熱残留磁化と、サンプルの天然の熱残留磁化を比較することで、グラフの傾きから古地磁気強度を推定することができる　〈高知大学・山本裕二教授作成の図より改変〉

くの研究者がこのテリエ法、またはテリエ法の改良バージョンを使って、古地磁気強度の研究を進めています。

ただしテリエ法には、サンプルに含まれる磁鉄鉱などが細粒かつ孤立していること、すなわち「理想的な磁性鉱物」であること、という条件があります。しかし、このような条件を満たすサンプルは、天然にはあまり存在しないのです。

そこで綱川秀夫（東京工業大学名誉教授）と、イギリス・リバプール大学のジョン・ショー（John Shaw）は、テリエ法で用いる段階的加熱実験の代わりに、交流電流を利用した人工的な磁場を段階的に作用させ、また実験室内での加熱を2回に留めることで、加熱による変質や「非理想的な磁性鉱物」による影響を補正して古地磁気強度を推定する方法を考案しています。この手法を「綱川‐ショー法」と呼びます。

図4‐3は、「熱残留磁化を獲得したときの実際の地磁気強度がわかっているごく最近の溶岩」

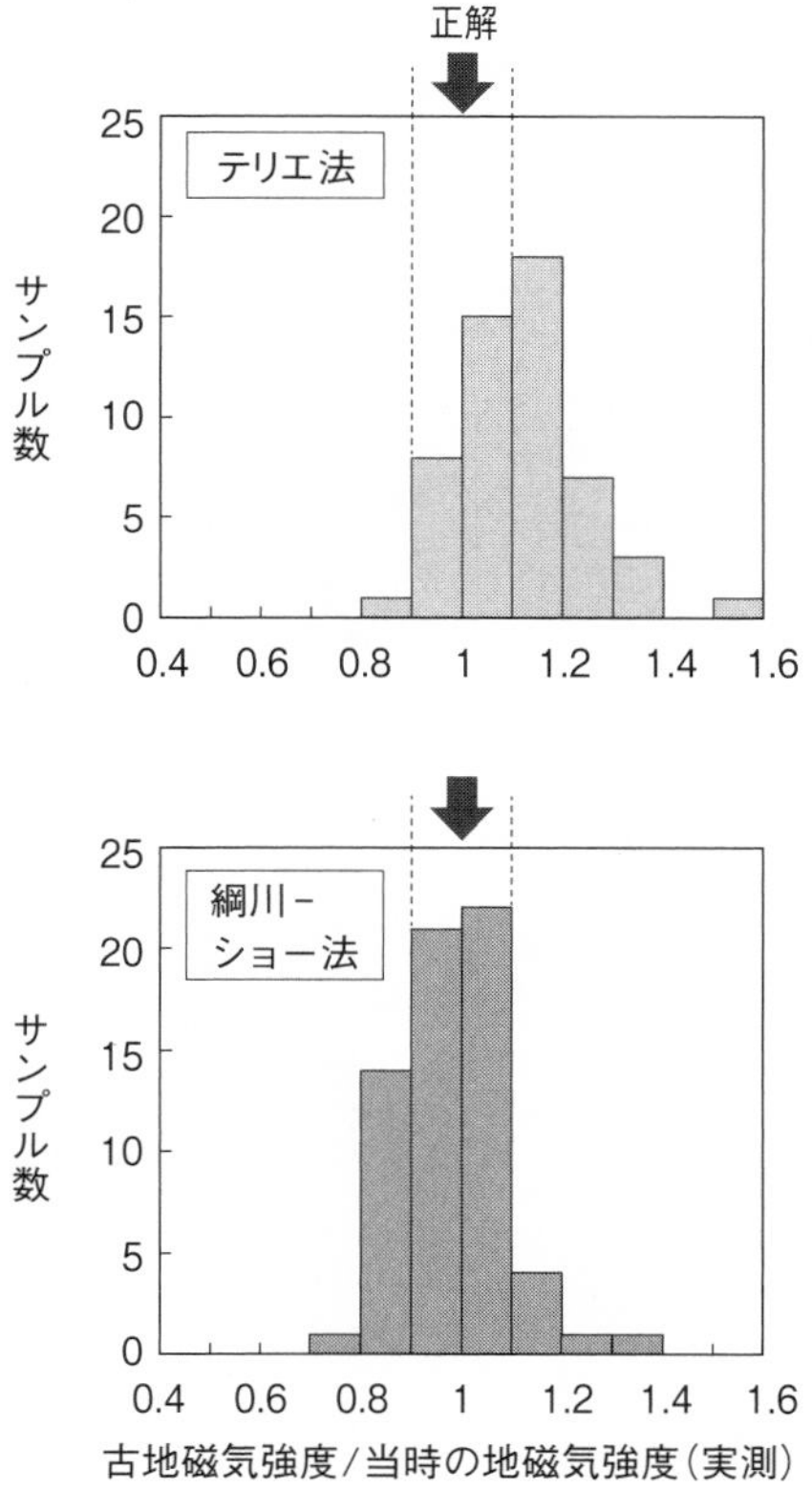

図4-3　「テリエ法」と「綱川-ショー法」の改良バージョンの精度の比較
正解を示す「1」に該当するサンプル数を見ると、綱川-ショー法のほうが精度は高い。1914年と1946年の鹿児島県・桜島の噴火による溶岩を使って比較　〈データ提供：高知大学・山本裕二教授〉

から採取したサンプルに対して、綱川-ショー法とテリエ法のそれぞれ改良バージョンによって古地磁気強度を求め、両者の値を比較したものです。

この実験は、古地磁気強度の推定方法の答え合わせをしたものと言えます。これらの実験の結果によると、両手法は、ともにバラツキはあるものの、地磁気強度の平均値としては、綱川-ショー法のほうがより正しく古地磁気強度を推定できていることがわかります。

しかし、この綱川-ショー法も万能ではありません。多くの溶岩サンプルを分析した結果、この綱川-ショー法の改良バージョンでも、数百万年以上さかのぼるような古いサンプルでは実験がうまくいかない場合も多いことが指摘されているのです。これは、古いサンプルのほうが加熱した際の磁気的な性質の変化が大きいため、正確な古地磁気強度の推定ができなくなるからだと考えられています。

一方、テリエ法は、前述の「答え合わせ」では分が悪い結果でしたが、サンプルの性質が変化せず、「理想的な磁性鉱物」からなるサンプルに対しては、ネールの熱残留磁化理論により正しく立脚していると考える研究者が多いため、現在も広く利用されています。

海底堆積物はどうやって地磁気を記録する?

溶岩などが記録する熱残留磁化に比べて、海底や湖底などに堆積した地層(海底・湖底堆積物）の残留磁化の獲得メカニズムはもう少し複雑です。堆積物、とくに海底堆積物はさまざまな起源を持つ粒子が降り積もってできたものです。河川から海に運ばれた泥、風で飛ばされてきた塵、海の生物遺骸や糞などが長い年月をかけて海底に堆積していきますが、その後の地殻変動によって、堆積した地層が陸上に現れることもあります。

ここで、誤解を恐れずに思いきって単純化すると、海底堆積物では、そこに含まれる目に見えないほど小さな磁鉄鉱の粒子が地磁気方位におおよそ配列することで、古地磁気を記録するのです（図４‐４）。これを「堆積残留磁化」と呼びます。

もう少し具体的に説明しましょう。海底に降り積もった堆積物は、海底表面の近くでは、そこに棲む生物によってかき混ぜられます。しかし、次々に降り積もる堆積物によって徐々に埋積されると、もうかき混ぜられることはなくなり、やがて堆積物自身の荷重によって圧密と脱水が進みます。この過程で、磁鉄鉱の向きが固定され、堆積残留磁化が獲得されるのです。

かつて、この過程を実験室で再現する試みが、浜野洋三（東京大学名誉教授）や乙藤洋一郎（神戸大学名誉教授）らによっておこなわれました。また神戸大学の兵頭政幸教授らによって、残留磁化の獲得メカニズムに関する研究も進められました。こうした研究によって、人工的に再現した堆積残留磁化の強度は、人工的な磁場の強度に比例することが明らかになります。つまり、海底堆積物の残留磁化の強さからも、古地磁気強度が推定できる道が開かれたのです。

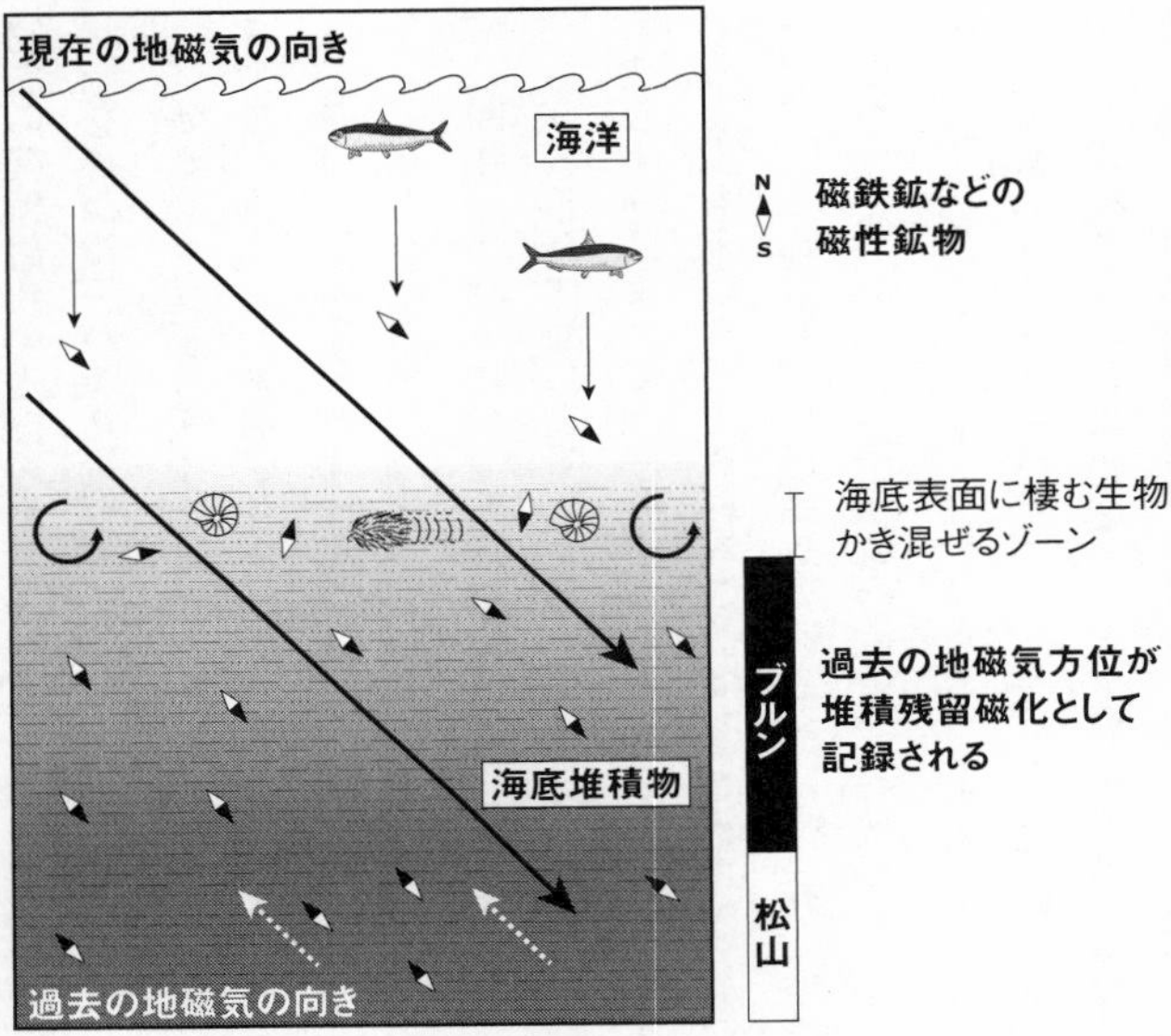

図4-4　海底での堆積残留磁化獲得のしくみ
海底に積もった磁鉄鉱などの磁性鉱物は、おおよそ地磁気方位に配列して堆積するため、地磁気逆転を含めて過去の地磁気の方位が、堆積残留磁化として記録される　〈底生生物のイラストは、海洋研究開発機構の野牧秀隆博士提供（以下同）〉

しかし、ごく沿岸域を除いて、海底堆積物は通常最大でも1000年あたり数cm〜数十cmほどしか堆積しません。実験室と異なり、自然界での堆積物の残留磁化の獲得にはとてつもなく長い時間が必要なのです。したがって、自然条件下での堆積残留磁化獲得の完全な再現はできません。

このため、堆積残留磁化の獲得メカニズムにはまだ謎が多く残されています。じつはこの謎の一つに取り組んだことが、「チバニアン」の誕生につながっていくことになります。このストーリーについては、次章以降で触れたいと思います。

古地磁気強度の推定に残された課題

このように、海底堆積物を使うことでも古地磁気強度の推定が試みられるようになりました。しかし、堆積残留磁化から古地磁気強度を推定するうえで一番の障害は、堆積物の残留磁化強度が、地磁気強度だけでなく堆積物に含まれる磁鉄鉱の量や大きさなどの影響も受けて大きく変化することです。このため、堆積物の残留磁化強度からそのまま古地磁気強度を推定することはできません。

そこで近年の古地磁気学では、含まれる磁鉄鉱の量や粒径の変化が少ない堆積物を対象として、そこに含まれる磁鉄鉱の量を実験で決定し、残留磁化強度を磁鉄鉱の量で割ることで古地磁気強度を求める方法を採用しています。しかし、この手法はおもに磁鉄鉱の量を規格化しただけであり、そのほかの要素の影響はあまり考慮していません。つまり、火山岩のように残留磁化獲得効率を求めることはできないのです。このため、この方法で推定した古地磁気強度は、あくまで各地点の海底堆積物ごとの相対的な値となります。つまり、時間をさかのぼって地磁気強度の相対的な変動を推定することはできますが、古地磁気強度の絶対値を決められないのです。

そこで最近の研究は、この問題を回避するために、溶岩から推定した古地磁気強度の平均値と、海底堆積物の古地磁気強度の平均値を合わせることで、絶対的な古地磁気強度を推定することもあります。しかし、溶岩からはあくまで時間的に不連続な古地磁気強度しか得られないことや、海底堆積物の古地磁気強度を絶対値に補正する手法などに対して問題点が指摘されており、海底堆積物を用いた絶対的な古地磁気強度の推定には、いまだ課題が残されています。

どれほどの頻度で逆転していたか

次に、地磁気逆転の歴史に目を向けてみましょう。

前章でも紹介したように、地磁気極性年代表という地磁気逆転の年表のようなものが、溶岩や海底堆積物、そして海底の地磁気異常（正帯磁・逆帯磁の縞模様）から推定されています。これによって、これまでに少なくとも約1億6000万年前までの地磁気逆転の歴史が明らかにされてきました（図4-5）。

地磁気極性年代表が作られたことでわかった重要なポイントは、全体として見ると、地磁気の極性に、正磁極と逆磁極のどちらが長い、短いという偏りは認められないことです。第2章でも紹介したように、現代の地球ダイナモ理論によると、地磁気逆転は外核の対流の不安定性に由来すると考えられています。つまり、地磁気逆転は基本的にはランダムに起きるはずであり、地磁

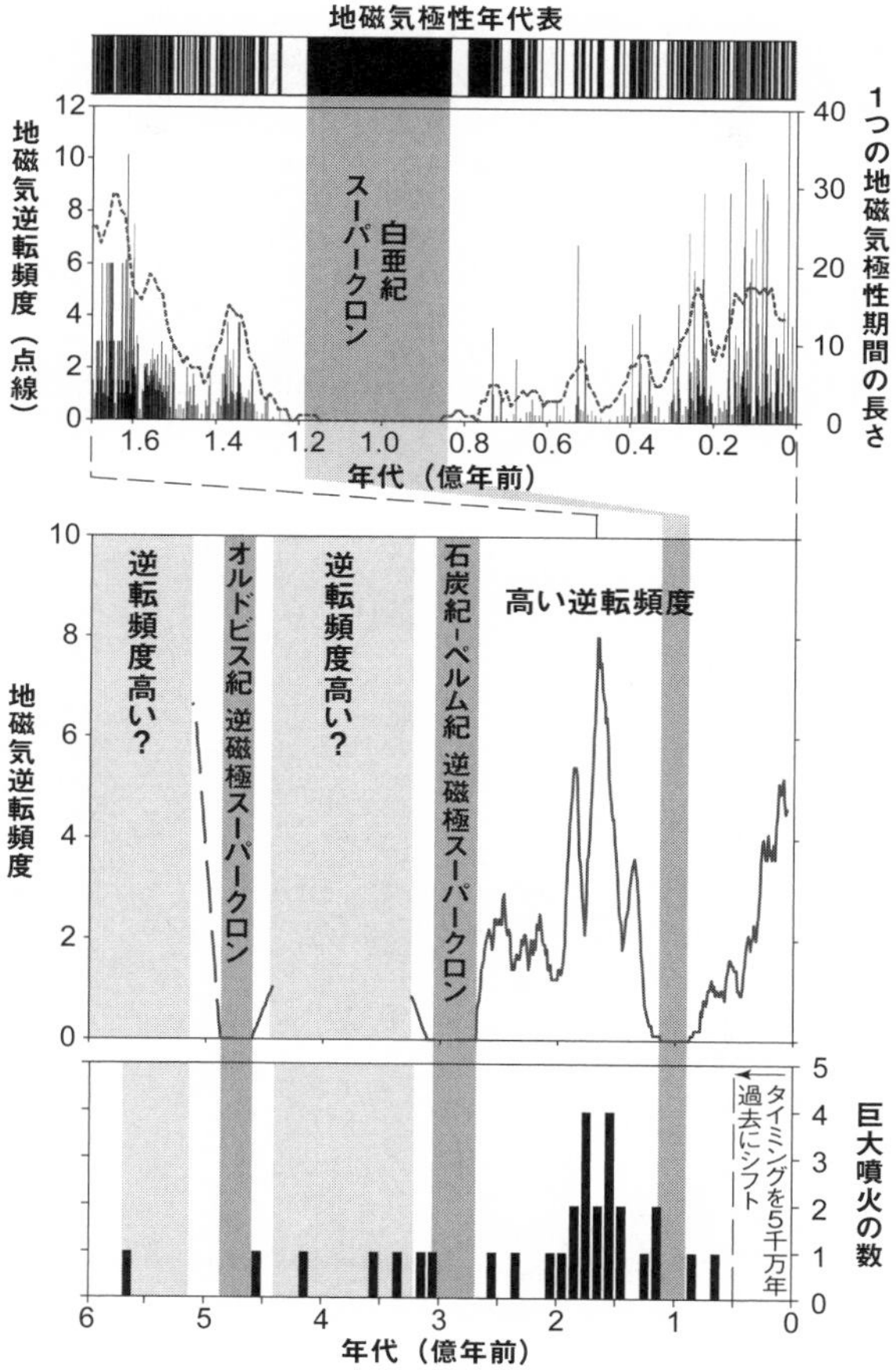

図4-5　地磁気逆転頻度の変化と巨大噴火活動の関係
年代表の中の黒い縞は現在と同じ正磁極、白は逆磁極に対応。年代値は論文発表当時のもの。巨大噴火活動のタイミングは、プルームがマントル下部から地球表層に到達するまでの時間（5000万年）分、古いほうへずらしてある　〈Biggin et al.（2012）より改変〉

気の極性に正磁極と逆磁極の偏りがないことは、現在の地球ダイナモ理論の理解と一致します。

一方で、地磁気極性年代表を眺めてみると、長期的には地磁気逆転の頻度が時代とともに大きく変わっていることにも気がつきます。地磁気逆転はランダムに起きる現象ですが、長期的な逆転頻度変化には明らかな傾向が見られるのです。

まず、過去80万年間には、地磁気逆転は1度（松山‐ブルン境界）しか起きていません。ところが、過去250万年間では11回以上、おおよそ100万年に5回程度のペースで地磁気逆転が起きています。今から1500万年前頃には地磁気逆転が頻発しており、平均的には10万年に1回のペースで地磁気逆転が起きていました。

一方、さらに時間をさかのぼった白亜紀には、4000万年ほどの間（約1億2600万〜8400万年前）、地磁気逆転が一度も起きず、正磁極の状態がずっと続いた時代がありました。どうやら地球史上には、突如として地磁気逆転がストップしてしまう時期があるようなのです。このように、数千万年もの長い期間にわたって地磁気逆転が起きず、一つの極性が維持される時代のことを「地磁気スーパークロン（もしくはスーパークロン）」と呼びます。

最近の研究によると、白亜紀スーパークロン以前にも2つのスーパークロンが存在したと考えられています（図4‐5）。たとえば、3億1000万年前から2億6500万年前の間には、白亜紀とは逆に、逆磁極のスーパークロンがありました（石炭紀‐ペルム紀 逆磁極スーパークロン）。過去6億年間の地磁気逆転頻度の変動を見ると、大局的にはスーパークロン以降に地磁気逆転頻度は徐々に高くなり、スーパークロンの数千万年前にピークを迎える傾向があるようです。つまり、地磁気逆転の頻度は数千万年から数億年のスケールで緩やかに変動し、その過程で2億年弱に一度の頻度でスーパークロンが起きると考えられるのです。

マントル対流が活発になると地磁気が逆転する？

地磁気スーパークロンを含めて、地磁気逆転頻度に大きな変動が存在する原因については、古くから多くの仮説が提唱されてきました。それらの仮説の中でももっとも有力なのが「マントル対流説」です。第2章でも紹介したように、地球は誕生以来、基本的に冷え続けています。その過程で、地球の体積の8割を占めるマントルは、非常にゆっくりとですが対流しており、熱を外核から地球表層へと輸送しているのです。

マントルは、地球にとって巨大な熱機関とも言える存在で、長い時間スケールでは地球システムを支配しています。たとえば、マントル対流が活発になると、地球表層への熱流量が増加します。白亜紀（219ページの地質年代表を参照）には、現代の火山噴火とは比べものにならないような巨大噴火が頻発し、海洋では海洋底拡大スピードが加速しました。そしてこれらの火山活動によって大量の二酸化炭素が大気中に放出され、地球の表層が著しく温暖化するなど、地球シ

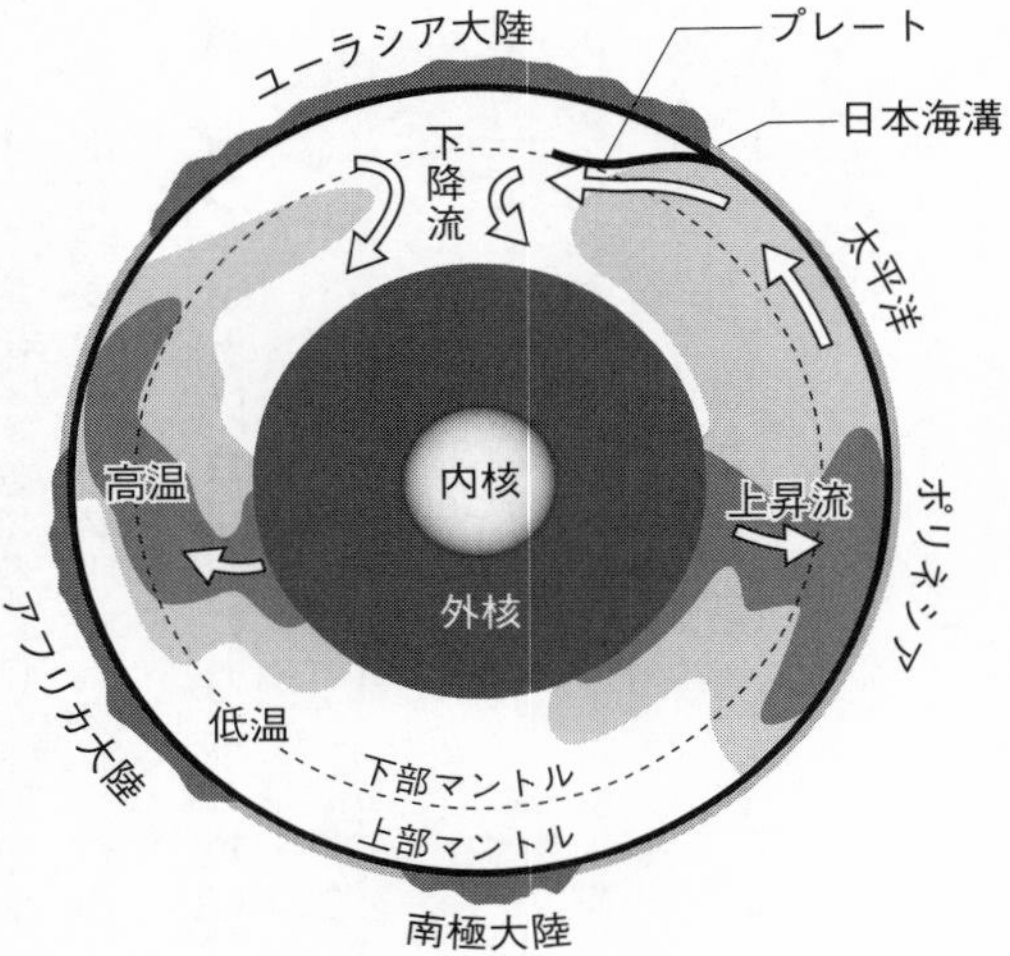

図4-6　地球内部の構造
地震波探査から推定される地球内部の温度分布から推定した上昇流（ホットプルーム）と下降流（コールドプルーム）。プルームの上昇には長い時間が必要。白亜紀の火山活動のもととなったプルームも、その数千万年以上前にマントル下部を離れたと考えられる　〈『地学図録』（数研出版）より改変〉

ステムの大変動が引き起こされたのです。

その一方で、白亜紀以降、マントル対流は徐々に不活発になり、極端な火山噴火などは起きず、地球は徐々に寒冷化してきたと考えられるのです。こういった長い時間スケールでのマントル対流の変動は、プルームと呼ばれる間欠的に起きるマントル下部からの上昇流が大きな役割を果たしていると考えられています（図4-6）。興味深いことに、このプルームの涌き上がりを含めてマントル対流にも周期的な変動があり、そのリズムが約2億年であると考えられているのです。

このように地球システムを支配しているマントル対流に約2億年のリズムがあることは、当然ながらその支配下にある外核にも影響を与えていたはずです。地球ダイナモシミュレーションによると、外核からマントルへの熱輸送が活発になると、外核の対流も活発になり、その結果として地球ダイナモが不安定になる可能性が指摘されています。つまりマントル対流の活発化は、地磁気逆転を誘発すると考えられるのです。これらのことを総合すると、約2億年のリズムを持つマントル対流が、地球表層での火山活動などと同時に外核の対流に影響を与えることで、地磁気逆転頻度の変動を引き起こしているのかもしれないのです。

この仮説は、マントル対流が地磁気逆転と地球表層プロセスを総合的に説明するという点でとても魅力的ですが、じつは直接的な証拠に乏しく、推測の域にとどまっていました。しかし近年、地球ダイナモシミュレーションの発展によってマントル対流と外核の対流を同時に解析することが可能となるなど、マントル対流が地磁気逆転頻度だけでなく地磁気変動全般に与える影響が解明される素地が整いつつあります。しかし、白亜紀以前のスーパークロンにおいては、そもそも地磁気逆転頻度データが限られているなどの課題もあり、いまだスーパークロンは地磁気逆転研究における大きな謎として残されているのです。

地磁気の強さは、常に変化している

次に地磁気強度の変化を見てみましょう。そもそも地磁気極性年代表が、黒（正磁極期）と白（逆磁極期）の単純なパターンで表現されているために、同一の地磁気極性の期間はとくに何も変化がないような印象を与えます。しかし、じつは地磁気強度の記録を調べると、同じ極性の期間内でも地磁気の強さは常に大きく変動していたことがわかってきたのです。

図4-7は、海底堆積物から推定された過去7万5000年間、80万年間、そして過去300万年間の古地磁気強度の変動の様子です。対象とする期間が短いほど時間の分解能が大きいので、より細かな変動を見ることができます。

この古地磁気強度の変動データを見ると、地磁気強度がいかに大きく変動してきたかということがよくわかります。たとえば、過去80万年間を見ると（図4-7中）、平均値を100％とすると、大局的には120％から70％ぐらいの幅で変動しています。つまり、地磁気は現在よりも強いときや弱い時期があったのです。また、この変動をよく見ると、ところどころ急激に地磁気強度が落ち込むところがあります。

とくに顕著なのは、約77万年前の地磁気逆転（松山-ブルン境界）に伴った地磁気強度の低下です。こういった時期には地磁気強度は現在の50～25％ぐらいまで落ち込んでいるように見えま

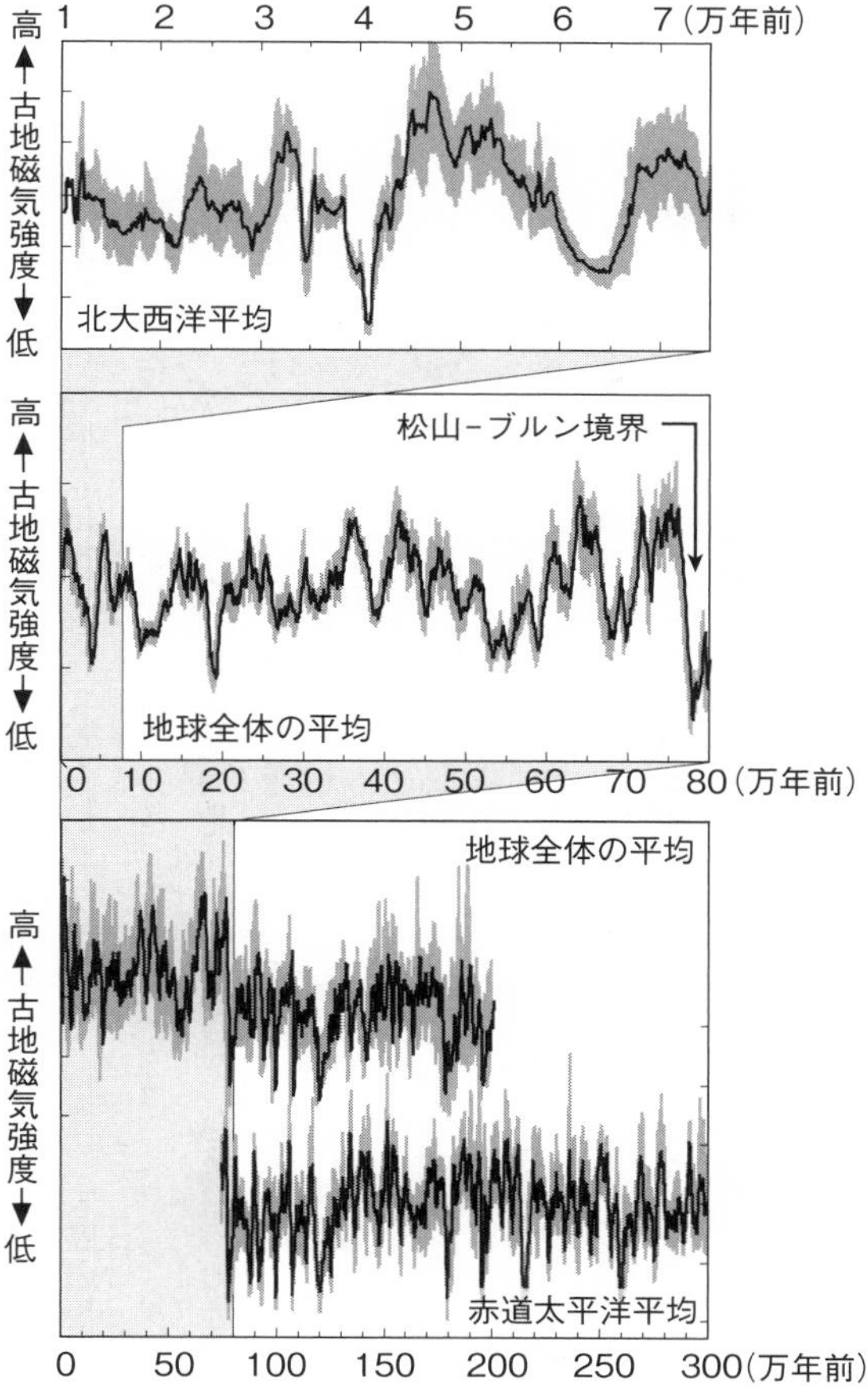

図4-7　海底堆積物から推定した古地磁気強度の変動
過去７万5000年間、80万年間、そして過去300万年間のスケールで示した
〈東京大学・山崎俊嗣教授らのデータも含めて『菅沼（2011）』の図より改変〉

す。地磁気逆転の際の地磁気強度の変化については、次章以降でも詳しく紹介しますが、じつはこのデータは、複数地点で採取された海底堆積物の古地磁気の記録を平均しているため、急激な古地磁気強度の変動はやや平滑化されている傾向があります。つまり、実際の地磁気変動は、このデータよりもっと急激だった可能性もあるのです。

先に紹介したように、ガウスに始まった現代の地磁気観測では、過去200年ほどにわたって地磁気強度が低下し続けていますが、古地磁気変動データに基づくと、今後もっと大きな変動が起きることが十分に考えられるのです。

過去1万年間に、どのような変化があったか

次に、溶岩から明らかにされた、もう少し短い時間スケールの地磁気強度変動を見てみましょう。図4-8は高知大学の山本裕二教授らによって最近発表されたものを改変したもので、ハワイの溶岩から推定された過去1万年間の古地磁気強度のデータを示しています。この研究のポイントは、綱川-ショー法により推定した古地磁気強度（○）が、最新バージョンのテリエ法で推定された古地磁気強度（■）と調和的な変動の傾向を示したことです。異なる方法にもかかわらず同様の傾向を示すデータが得られたことは、古地磁気強度の推定の信頼性が高いことを示しています。

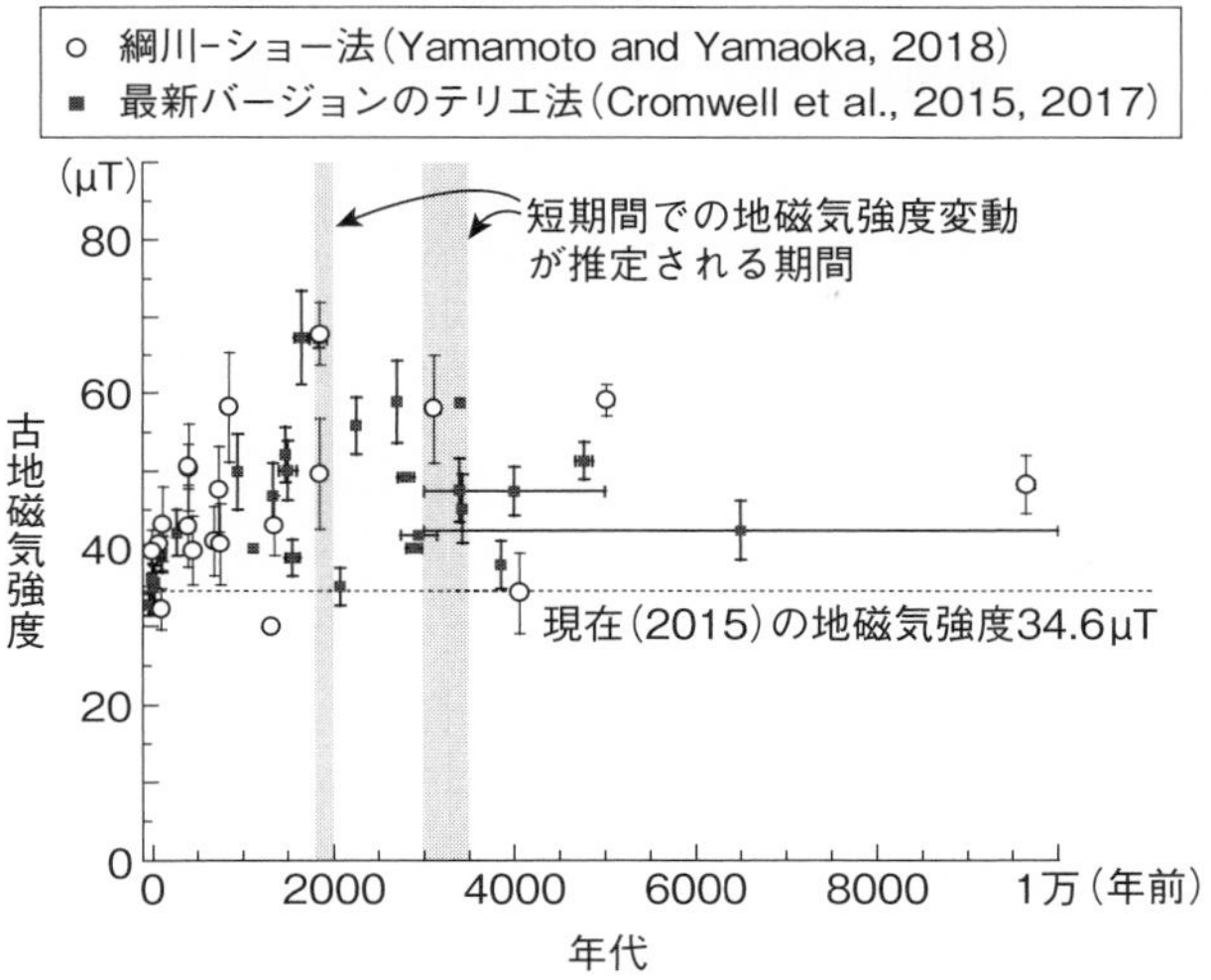

図4-8　過去1万年間の古地磁気強度の変動
改良バージョンの綱川-ショー法と、最新バージョンのテリエ法で得られた古地磁気強度を比較している　〈Yamamoto and Yamaoka (2018) より改変〉

まず全体を見ると、過去1万年間の古地磁気強度は、現在の地磁気強度よりも基本的に高い傾向があることがわかります。長期的には約2000年前頃が最大で、その後現在まで低下傾向が続いています。ただし、ほぼ同時期のデータにもかかわらず、それぞれのデータに大きな差が見られる時期もあります（たとえば、1800～2000年前の間と、3000～3500年前の間など）。

通常、溶岩は噴火直後にごく短期間で冷却され、古地磁気を記録します。つまり、同時期の古地磁気強度データに大きな差が見られるということは、当時の地磁気強度が10～100年程度の短い間に急激に変化したことを示している可能性があるのです。最近、このような急激な地磁気強度変動は、中東地域のサンプルの研究からも示唆されていますが、その実態はまだ不明な点が多く、現在も進む地磁気強度の低下も含めて、今後の重要な研究課題です。

地磁気エクスカーション

過去の地磁気変動の研究が進むにつれ、過去には地磁気逆転に至らずとも、見かけ上の地磁気極（古地磁気記録から推定した当時の地磁気極の位置）が大きく北極または南極から外れるイベントが起きていたことが明らかになってきました。このようなイベントのことを「地磁気エクスカーション」と呼びます。複数の定義がありますが、一般には地磁気極の位置が北極（もしくは南極）より45度以上離れるイベントを指します。

地磁気エクスカーションは、地磁気永年変動より明らかに大きな地磁気の変動イベントですが、地質学的にはきわめて短い期間に起きるので、断片的な古地磁気の記録からはなかなか見つからず、いまだに謎の多い現象です。地磁気エクスカーションの発生期間は、イベントの始まりから終わりまででおおよそ5000年以内と考えられています。地磁気エクスカーションの多くは、連続的な地磁気変動の推定が可能な海底・湖底堆積物から見つかっていますが、溶岩の古地

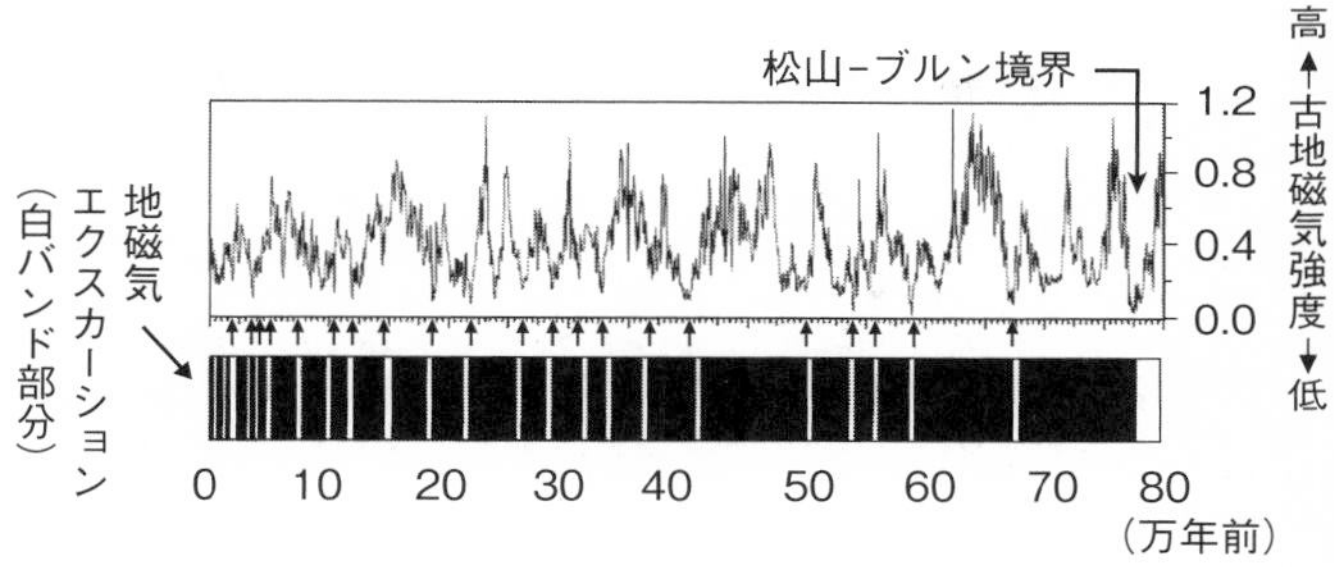

図4-9　過去80万年間に確認されている地磁気エクスカーション
矢印は、地磁気エクスカーションに対応すると考えられる地磁気強度の極小のタイミングを示す　〈小田（2005）より改変〉

磁気に運良く記録されることもあります。

たとえば、熊本大学の渋谷秀敏教授はニュージーランドのオークランドに分布する溶岩から複数の地磁気エクスカーションを報告しています。いまのところ地磁気エクスカーションの発生頻度については統一的な見解はありませんが、産業技術総合研究所の小田啓邦博士のまとめによると、松山-ブルン境界以降の約80万年間に23回起きた可能性があるとされています（図4-9）。

その中でわかったことは、地磁気エクスカーションの多くが、地磁気強度の低下する時期に起きる傾向があることです。このことは、主たる地磁気の担い手である双極子磁場成分が弱まったときに、非双極子磁場成分が相対的に卓越することで、地磁気エクスカーションが引き起こされることを示唆しています。

現在知られる中でもっとも代表的な地磁気エクスカ

ーションは、約4万1000年前の「ラシャン・エクスカーション」です。この名前は、発見地であるブルンのいたフランスのクレルモン・フェラン近くの「ラシャン」という地名に由来します。ラシャン・エクスカーションは、過去10万年間でもっとも地磁気強度が低い時期に起きたとされ、このときの地磁気強度は現在の約10％程度まで低下したという報告もあります。

最新の研究によると、ラシャン・エクスカーションの地磁気強度の極小期間は1500年間ほどですが、地磁気方位の変動期間は1000年未満であったようです。このとき地磁気極は、南半球まで移動したとされることから、ラシャン・エクスカーションは地磁気逆転にかなり近いイベントであったと考える研究者もいますが、異論もあり、まだ決着の付いていない重要な研究トピックの一つです。

ネアンデルタール人の絶滅と地磁気の関係

古くから、地磁気逆転と生命の進化や絶滅の関係については、さまざまな仮説が提唱されてきました。しかし、両者になんらかの関係性があることを証明した研究は今のところありません。それは、もしかすると、地磁気逆転、もしくは生命の絶滅・進化の年代決定精度が十分でなかったことが理由かもしれません。一方、地磁気エクスカーションについては、ごく最近になって興味深いデータが報告されています。

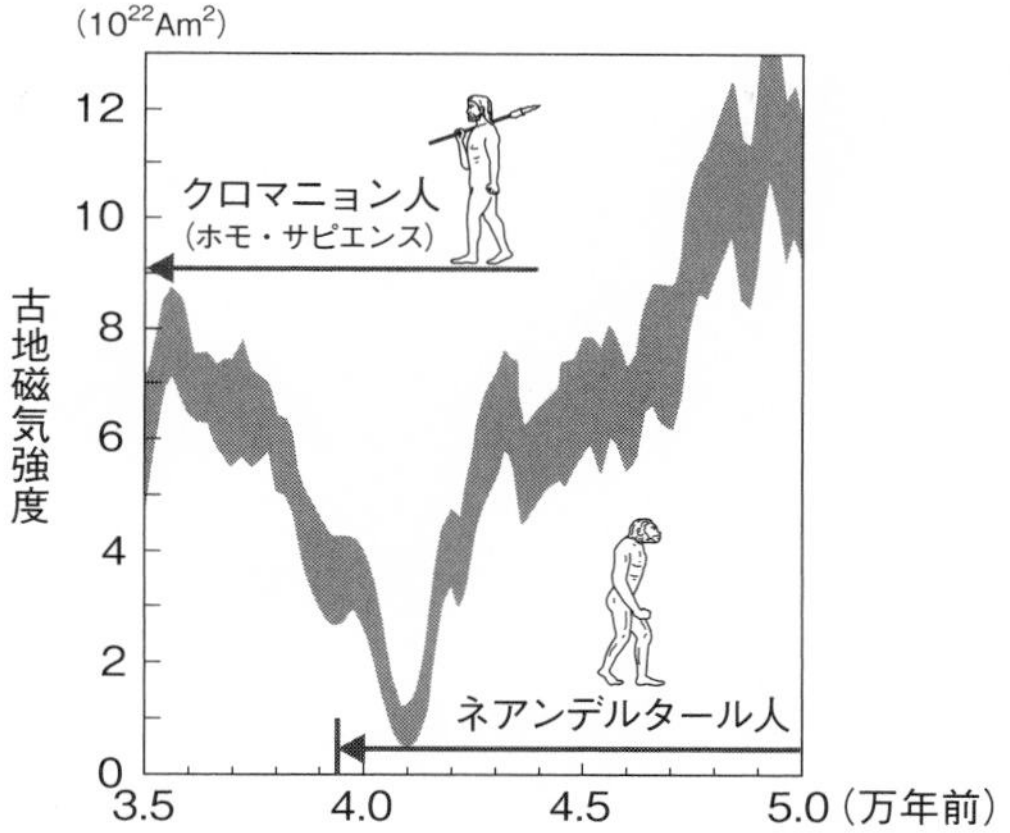

図4-10　ラシャン・エクスカーションと ネアンデルタール人の絶滅のタイミング

ネアンデルタール人が絶滅したとされる約４万1000～３万9000年前と、地磁気強度が極端に低下しているラシャン・エクスカーションのタイミングがおおよそ一致する　〈Channell and Vigliotti（2019）より改変〉

２０１９年、アメリカ・フロリダ大学のジェイムズ・チャネル（James Channell）らは、ラシャン・エクスカーションとネアンデルタール人の絶滅が関係していたという仮説を発表しました。

最新の年代測定によると、ネアンデルタール人の絶滅は約４万１０００〜３万９０００年前と推定されていますが、この絶滅のタイミングが、まさにラシャン・エクスカーションの最盛期と一致するというのです（図４-10）。

チャネルらは、ラシャン・エクスカーションによる地磁気強度の極端な低下によって、オゾン層が破壊され、その結果として紫外線強度が急激に増加し、この影響によってネアンデルタール人が絶滅したと考えたのです。

そもそも、ラシャン・エクスカーションが起きた約４万年前には、すでに現生人類であるホモ・サピエンスも存在しており、ネアンデルタール人と共存していました。チャネルらによると、アリール炭化水素受容体という紫外線に対する感受性の制御に関係する転写因子（ＤＮＡに特異的に結合するタンパク質）の違いによって、現生人類はネアンデルタール人よりも紫外線の影響を受けにくく、そのため絶滅から逃れられたのではないかとしています。

この仮説は大変興味深いですが、もちろん一つの地磁気エクスカーションとある種の絶滅が同時だったというだけではこの関係性が証明されたとは言えず、紫外線の増加が種の絶滅につながった可能性については懐疑的な研究者が多いようです。いずれにしろ、今後は古地磁気記録、もしくは生命の絶滅・進化の年代決定精度の向上とともに、地磁気エクスカーションだけでなく、もっとダイナミックな地磁気変動である地磁気逆転と、生命の絶滅・進化の関係についても研究が進展していくことが期待されます。

column 2

地磁気はいつから存在するのか？

地磁気は地球が誕生したときから現在まで、ずっと変わらず存在していたのでしょうか？　じつはこれは、同時に地球の大気、生命、そして地球内部構造の進化に対する問いでもあります。

地球は約46億年前に誕生して以来、一貫して宇宙空間に熱を放出し、冷え続けてきました。現在の理解によると、地球が誕生した頃、核はまだ完全な液体で、その後の冷却の歴史の中でやがて固体の内核が誕生したと考えられています。しかし、核の組成などには未知の部分が多いため、内核が誕生した年代の推定は約5億年前から25億年前と大きく食い違っており、核の進化の歴史はいまだ謎に包まれているのです。

一方、地球ダイナモシミュレーションによると、もし地球に内核がなければ、地磁気は現在よりもかなり不安定になると考えられています。したがって、もし過去の地磁気の姿を復元できれば、地球の内部構造進化の謎にもアプローチできるのです。

しかし、何十億年も昔の岩石から古地磁気の記録を取り出すことは容易なことではありません。理論上は可能でも、そもそも30億年を超えるような古い岩石は地球上にほとんど残されておらず、もしあったとしても、その多くは長い歴史の中で熱や圧力を受けて変質してしまっていることが多いのです。ですが近年、古地磁気測定技術の進歩によって、岩石中でもとくに変質や風化に強い鉱物をターゲットにして、一粒一粒の古地磁気測定が可能となり、遠い昔の地磁気の様相が推定できるようになってきました。

そんな中、２０１５年にアメリカ・ロチェスター大学のジョン・タルドノ（John Tarduno）らのグループが、33億〜42億年前までの古地磁気強度の推定に成功したと発表しました。彼らは、オーストラリアのジャックヒルズという場所の地層から、ジルコンという１００㎛程度の小さな鉱物を取り出し、その一粒一粒の放射年代測定と古地磁気強度の推定をおこなったのです（図４-A）。彼らの結果によると、33億年前以前の地磁気強度は現在と同程度から12％程度とかなり低い値を示したものの、少なくとも地球ダイナモによる地磁気がこの当時にも存在していたことが明らかになったのです。

しかし、このタルドノらの研究に対してはすぐに異論が出されます。同じくアメリカのマサチューセッツ工科大学のベンジャミン・ワイス（Benjamin Weiss）ら著名な古地磁気研究者のグループが、同じくジャックヒルズから採取された岩石のジルコンを調べた結果、これらのジルコンはすべて30億年前以降に加熱を受けていると報告しました。つまり、タルドノらが復元した33億年前以前の古地磁気強度データは誤りであり、少なくともジャックヒルズのジルコン粒には30億年前

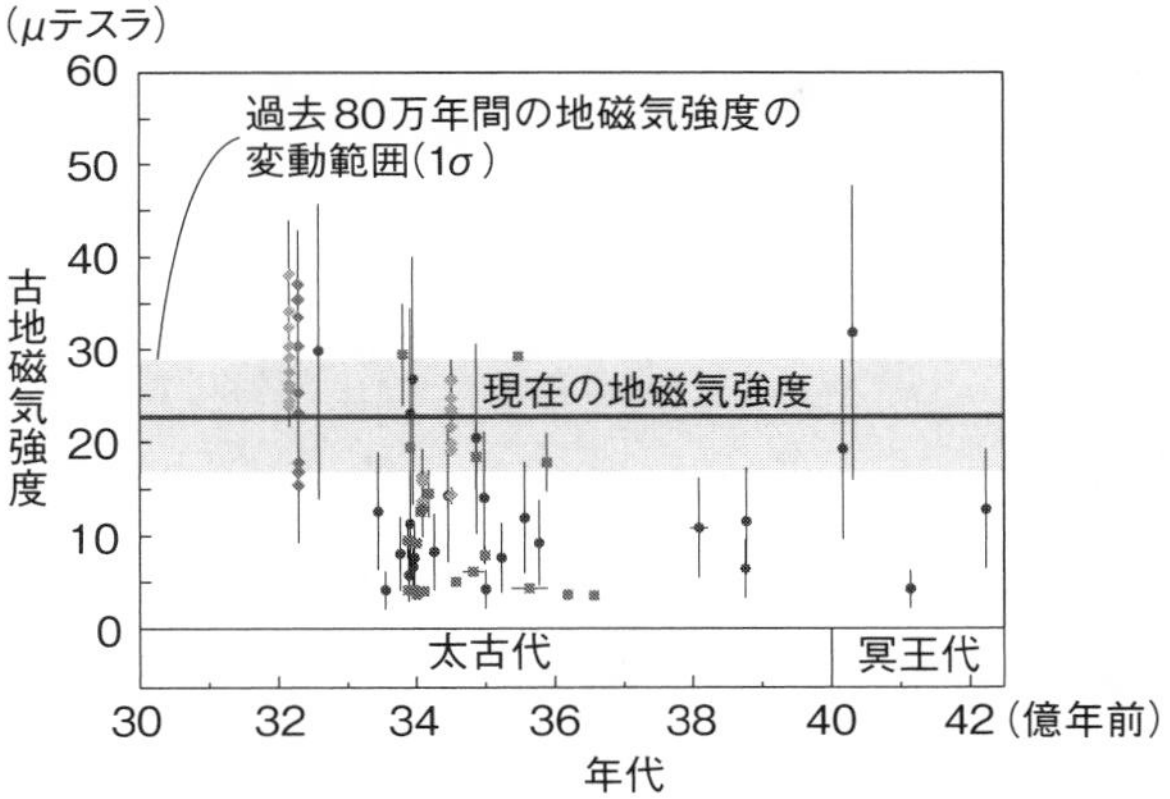

図4-A　ジャックヒルズのジルコン粒から推定した33億～42億年前の地磁気強度
〈Tarduno et al. (2015) より改変〉

以前の古地磁気記録は残されていないというのです。

タルドノとワイスの論文は、世界中の古地磁気研究者を巻き込んだ大論争を引き起こしました。この論争は現在も続いており、その後も両グループによる新たなデータの発表や学会での議論がおこなわれていますが、今のところ決着は付いていません(*註)。ただ、同じジャックヒルズといっても広大な地域なので、両グループがサンプルを採取した場所が異なれば、違った結果が出る可能性もあります。

しかし、ジルコンに限らずこれ

までは不可能だった微小サンプルの測定技術は日進月歩であり、近い将来には太古代や冥王代といったはるか昔の地磁気の姿がもっと詳しく明らかになる日が来るでしょう。岩石の古地磁気は時を超えて、地球の進化の謎を探る貴重なカギなのです。

---

*註：この原稿を書いたあと、新たにタルドノと産業技術総合研究所の小田啓邦博士らのグループが、SQUID磁気顕微鏡という超微小領域の磁化を直接測定する技術などを用いて、ジャックヒルズのジルコンが30億年前以降の加熱の影響を受けていないことを確認し、発表しました。この画期的な技術で地球ダイナモの研究は一気に進むかもしれません。

また、東京大学の佐藤雅彦博士や海洋研究開発機構の臼井洋一博士らも、新たな測定法の導入により、微小サンプルを使った遠い過去の地磁気強度の復元研究を進めています。

第5章

宇宙からの手紙

——それが、謎を解くヒントだった

超新星爆発の「残骸」が教えてくれること

「客星《かくせい》」とは、古来より中国や日本で使われていた言葉で、夜空のそれまで何もなかった場所で突如として輝きだし、その後また消えてしまう星を指すそうです。1054年、平安時代の日本において客星が観測されたことが、古文書（『明月記』）に記された過去の記録）に残されています。

この客星は、現在の「おうし座かに星雲」の場所で突然光を放ち始め、あまりの明るさのため昼間でも肉眼で確認できました。その後、このときの光は「超新星爆発」という太陽より8倍以上の大きな質量を持つ恒星がその寿命を迎え、爆発するという一大イベントによるものだったとわかりました。いま我々が見上げた夜空に浮かぶおうし座かに星雲は、この客星、超新星爆発の残骸なのです。

銀河宇宙線は、宇宙の彼方から地球に飛来する高エネルギーの粒子で、おもに超新星爆発に由来すると考えられています。超新星爆発では、恒星の構成物が超高速で膨張し、最終的には超新星の残骸が周囲にまき散らされます。そして、このときに生じた衝撃波によって高エネルギーの粒子が作り出されるのです。広大な宇宙では、常にどこかで超新星爆発が起こり、銀河宇宙線が作られています。そのため、宇宙空間にはいつも銀河宇宙線が飛び回っているのです。

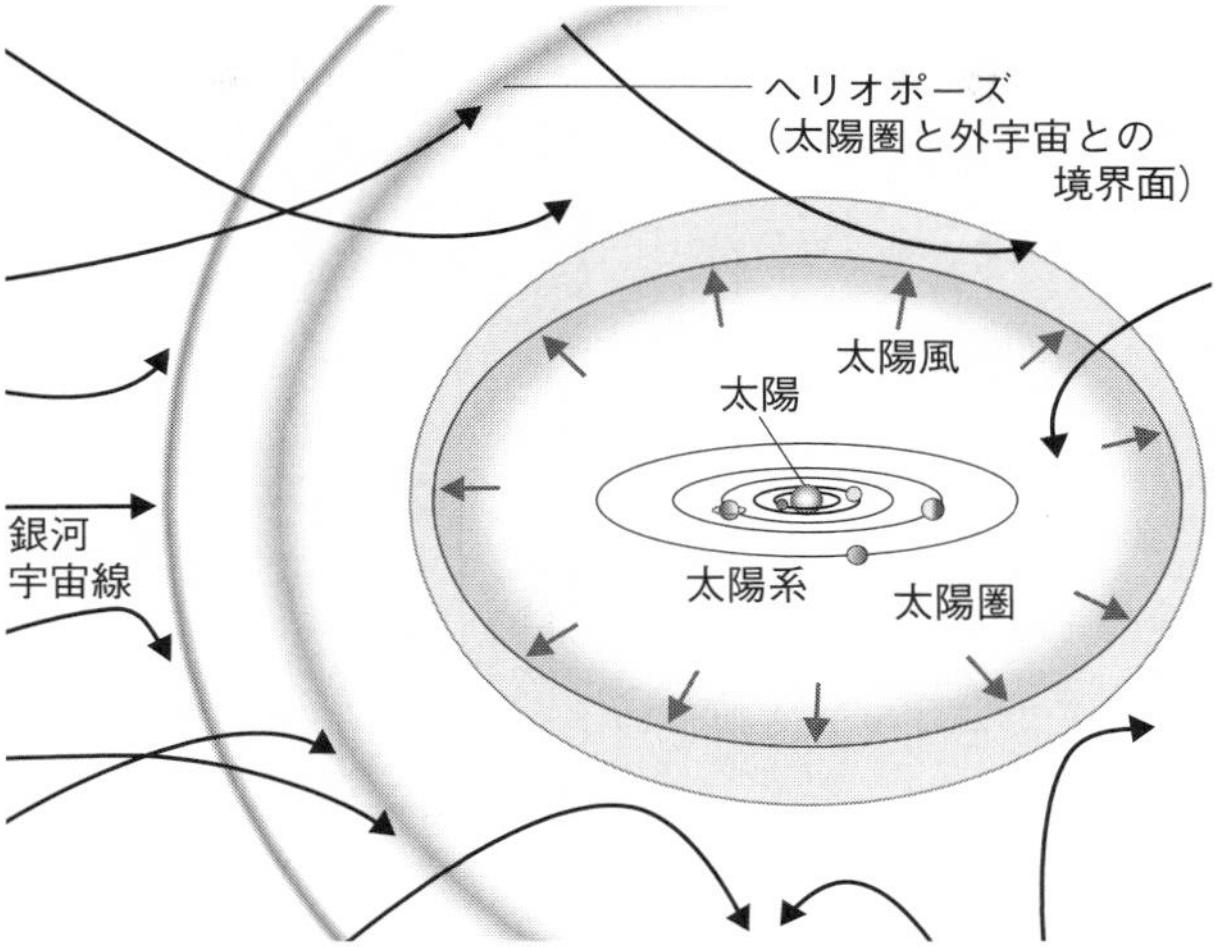

図5-1　太陽圏の様子
銀河宇宙線の進路は、太陽系の外まで大きく張り出した太陽磁場、そしてその後は地磁気の影響を受けて変化する。ヘリオポーズとは太陽圏と外宇宙の境界面のこと　〈Beer et al.（2012）より改変〉

銀河宇宙線はおもに陽子（プロトン）という荷電粒子で構成されます。陽子は衝撃波によって光速に近いスピードまで加速され、宇宙空間を突き進みます。そして、銀河宇宙線が太陽系に到達すると、陽子の進路は太陽系の外まで大きく張り出した強力な太陽の磁場と、その後は地球の磁場（地磁気）の影響を受けて変化します（図5-1）。

これは、陽子が電荷を持つためで、エネルギーの比較的小さな陽子は、太陽磁場や地磁気によって太陽系から弾き飛ばされたり、磁力線に絡め取られてエネルギーを失ったりして、その多くは地球まで到達する

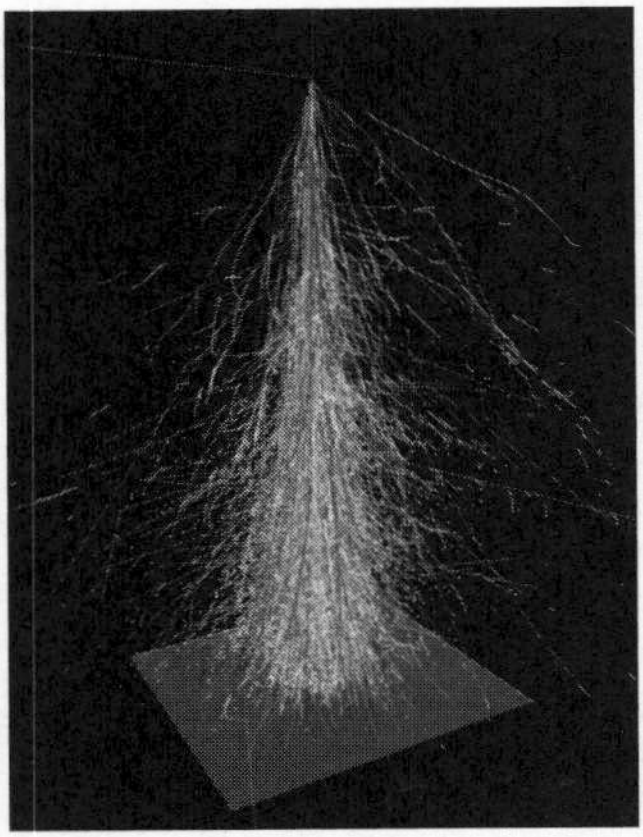

図5-2　大気中に降り注ぐ「空気シャワー」
銀河宇宙線が大気に突入し、連鎖反応によってたくさんの二次宇宙線が作られる様子　〈提供：チベットASγ実験グループ〉

ことができません。逆に言えば、太陽磁場や地磁気が変動すると、地球に到達する銀河宇宙線の量も変動するのです。

地球の大気まで到達した銀河宇宙線は、大気にぶつかって核反応を起こします。銀河宇宙線のエネルギーは非常に大きいため、大気中の原子に衝突すると、原子核を破壊して新しい粒子を作り出すのです。これを「二次宇宙線」と呼びます。このとき生まれた粒子はまだ十分にエネルギーを持つので、このあともまた周辺の原子に衝突し、さらに新たな粒子を作り出します。この連鎖反応によって、多数の二次宇宙線が大気中にシャワーのように降り注ぐため、この現象を「空気シャワー」と呼びます（図5-2）。このときの銀河宇宙線による核反応の代表的な生成物として知られるのが、炭素14やベリリウム10などの放射性同位体で、とくに「宇宙線生成核種」と呼ばれています（詳細は本章でのちほど説明します）。

繰り返しになりますが、宇宙線生成核種の生成量は、地球に到達する銀河宇宙線量（銀河宇宙線の入射量）、つまりは太陽磁場や地磁気に依存して変動します。そして、この関係を逆に利用して、過去の宇宙線生成核種の生成量を復元することができれば、時間をさかのぼって太陽活動や地磁気強度を推定できるのです。

本書ではここまで、磁石の発見から地磁気の起源、そして古地磁気記録から探る過去の地磁気変動について見てきました。本章では、少し視点を変えて、銀河宇宙線、太陽活動、そして地磁気の関係について紹介したいと思います。とくに、銀河宇宙線によって生成される宇宙線生成核種は、本書の後半で地磁気逆転の謎に迫るための重要なカギとなっていきます。それではまずは、太陽と、地磁気バリアに守られた地球の密接な関係から見ていきましょう。

太陽風と地磁気のバリア

太陽系の中心で明るく輝く太陽は、常に太陽光を全方位に放射しています。当たり前ですが、太陽光は「光」です。したがって太陽から放たれた光は、わずか約8分20秒後には地球に到達し、我々を明るく照らします。

一方、太陽は光だけでなく、荷電粒子も同時に放出しています。そして、この放出された荷電粒子の流れを「太陽風」と呼びます。太陽風は粒子の流れなので、光と異なり、やや遅れて地球に到達します。特別なケースを除けば、太陽風は通常2～4日後に地球に到達しますが、それで

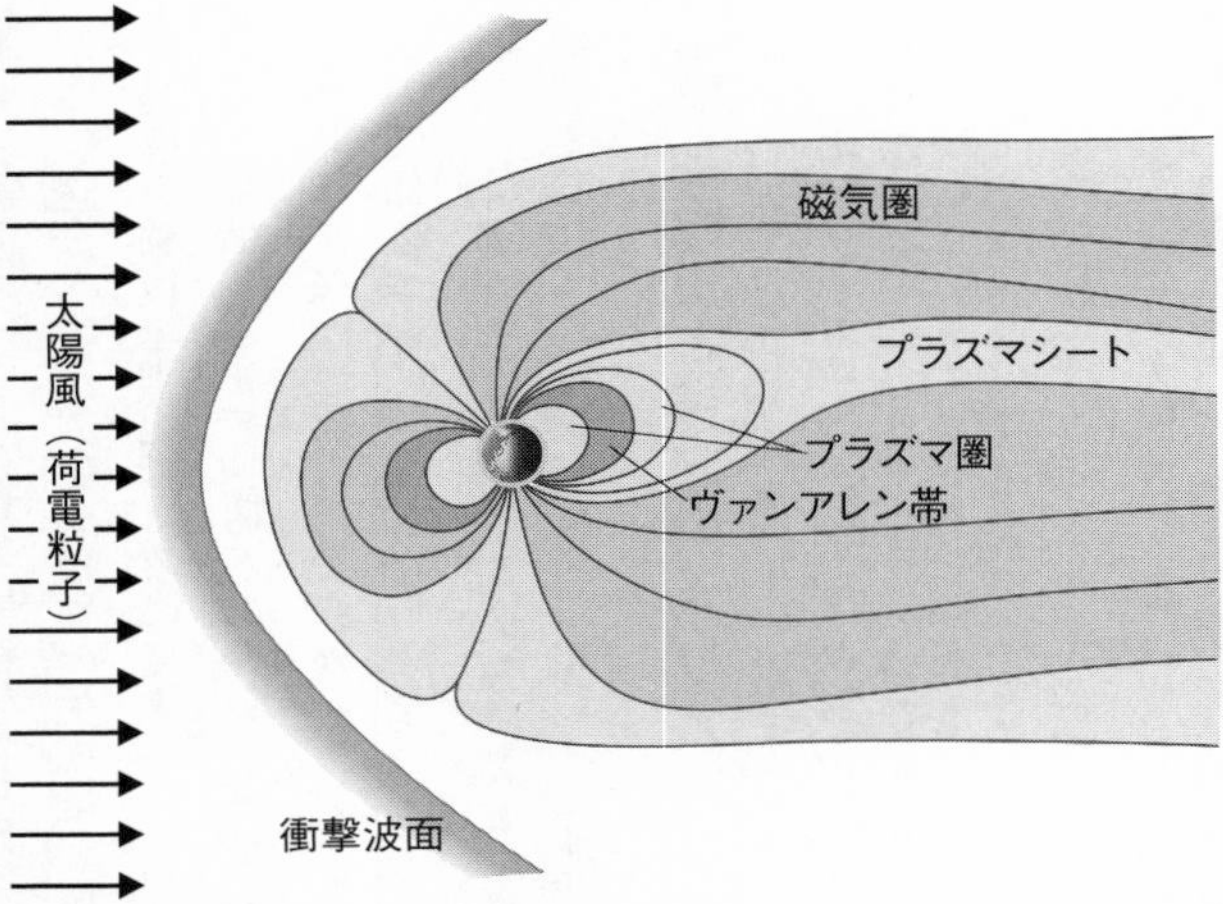

図5-3　太陽風と地球の磁気圏
磁気圏は、太陽風の影響を受けて非対称な形となっている　〈『地学図録』（数研出版）より改変〉

も秒速数百km以上というとてつもないスピードです。

地球軌道まで到達した太陽風は、地球の磁気圏と衝突します。磁気圏とは、天体の磁場に支配されている領域で、地球の場合は地磁気の勢力範囲と考えてもらえば良いでしょう。地球の磁気圏の大きさは、太陽側で数万km、反対側では尾のように伸ばされていて、数十万km以上にも達します（図5-3）。このように磁気圏が非対称な形になるのは、地磁気が太陽風の影響を受けて、太陽と逆側に吹き流されてしまうためです。

一方、磁気圏に衝突した太陽風は、基本的に跳ね返されて宇宙空間に流れていきますが、その際に発生した大きな電流が地球

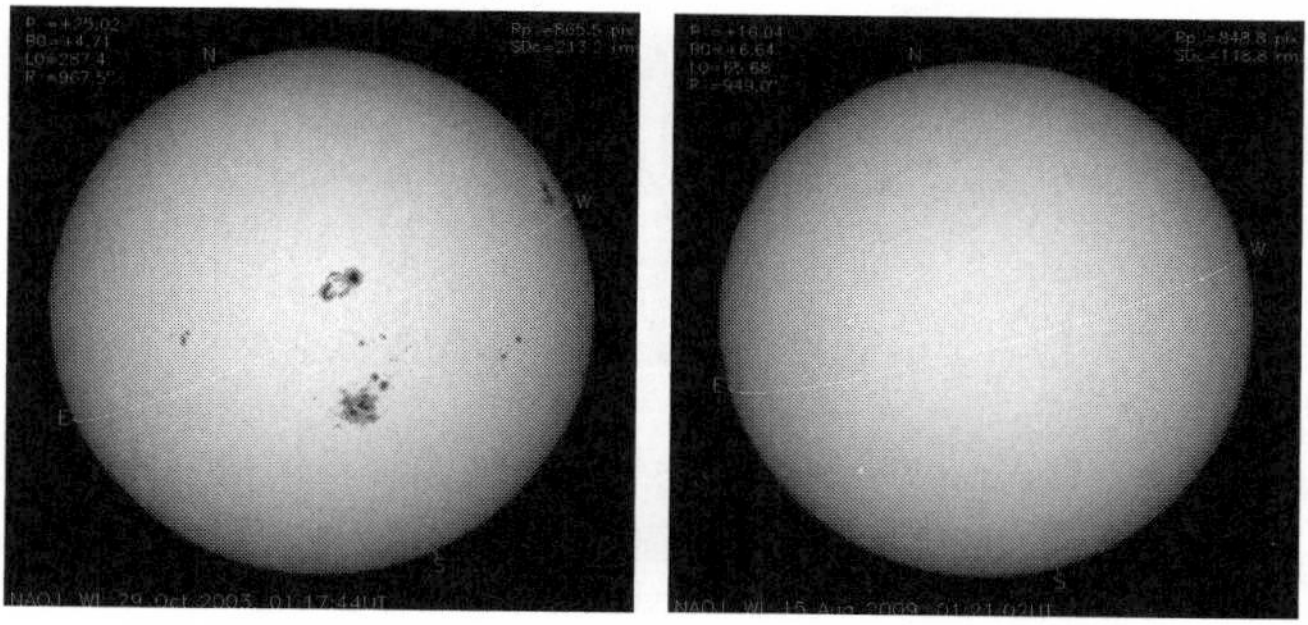

図5-4　太陽黒点数の変動
2003年に観測された巨大な太陽黒点（左）と、2009年に1ヵ月間続いた無黒点状態（右）〈提供：国立天文台〉

の北極や南極の上空に伝わります。この伝わった電流を担う電子が大気中の原子や分子と衝突して発生する光が、オーロラです。

太陽磁場は11年に一度、逆転する

ところで、太陽活動でもっともよく知られる変動は、約11年の周期で繰り返される太陽黒点数の変動です（図5-4）。太陽黒点は、太陽表面にある周囲より低温の領域で、周囲との温度差のために黒く見えます。この太陽黒点の数が約11年周期で増えたり減ったりしているのです。低温の黒点が多いときのほうが不活発なように感じられますが、実際には反対で太陽黒点数が多

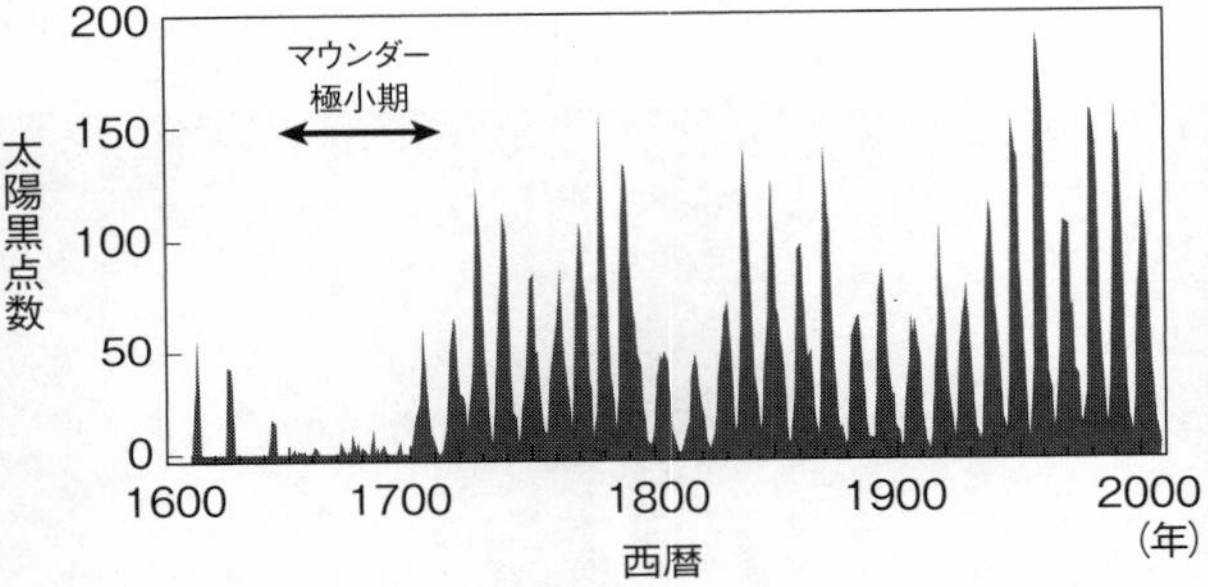

図5-5　約11年周期の太陽黒点数変動と、マウンダー極小期
矢印で示した約70年間が、黒点数が異常に少なかった「マウンダー極小期」〈Beer et al.（2012）より改変〉

い時期ほど太陽活動は活発であり、このような状態を「太陽活動の極大期」と呼びます。反対に黒点数が少ない状態は「太陽活動の極小期」です。

一方、1645〜1715年頃の約70年間にわたって、太陽黒点数が異常に少ない時期がありました。この時期を「マウンダー極小期」と呼びます（図5-5）。この間、太陽黒点はほとんど現れることはなく黒点の観測が難しかったため、約11年周期が発見されたのは、黒点が初めて観測されてから200年以上あとの1800年代中頃となったのです。

この太陽活動の11年周期変動に伴って、太陽黒点数だけでなく、太陽の放射エネルギー、太陽風の強度、そしてのちほど説明する太陽フレアなどの現象がすべて同期して、活発から不活発へと変動を繰り返します。こういった周期的な変動は、太陽の磁場の変動に起因すると考えられています。太陽の磁場は、地磁気とは別の意味で非常に複雑ですが、大局的には太陽のダイナモ作用によって発生する双極子磁場です。そして、この太陽の双極子磁場のN極とS極が、約11年に一度入れ替わるのです。つまり、この太陽磁場逆転のリズムが、太陽活動の11年周期変動に深く関係していると考えられます。

世界を大混乱させた、伝説の太陽イベント

さて、マウンダー極小期など極端なものも含めて、太陽活動の変動は気候などの地球環境に影響を与えるのでしょうか？

そもそも、古くからマウンダー極小期は、北ヨーロッパを中心にやや寒冷だった「小氷期」という時期に対応していると言われてきました。この頃のヨーロッパでは、ロンドンのテムズ川が全面結氷するなど、寒冷化を示唆する記録がよく紹介されます（*註）。

しかし、通常の太陽活動の極小期と極大期において、太陽の光量の変動は０・１％程度しかありません。また、マウンダー極小期でもそれほど極端な太陽の光量低下はなかったと考えられています。ちなみに、太陽の光量が０・１％減ったとき、後述する気候や氷床の影響を考慮し

*註：ただし実際は、地球全体が寒冷化したというよりも、気候の地理的なパターンが変わったという説明がより正確で、ヨーロッパが寒冷化したときには、別の場所が暖まったりしていたようです。

なければ地球平均気温への影響は0・1～0・05℃程度とされています。したがって、太陽の光量変動のみで地球の気候が大きな影響を受けるとは考えにくいのです。もし太陽活動と地球の気候変動の間に因果関係があったとしても、太陽の光量変化に加えてさらに別のプロセスが仲介しているはずなのです。

一方、太陽活動には突発的に起きる「太陽フレア」と呼ばれる現象があります。太陽フレアは太陽表面で起きる爆発現象で、このときプラズマ（電離したガス）と磁場が一緒になって宇宙空間に吹き飛ばされることがあります。とくに、このプラズマの放出のことを「コロナ質量放出」と呼びます。このコロナ質量放出は、「光」である太陽フレアと異なり、太陽風と同様に「もの」が地球まで到達します。

1859年9月1日、イギリスの天文学者だったリチャード・キャリントン（Richard Carrington）は、人類で初めて太陽フレアを観測しました。その17時間後、太陽から放出された灼熱のプラズマは、従来の太陽風に比べて圧倒的なスピードで地球に到達しました。このとき、日本を含む世界各地でオーロラが観測され、すでに電化が進んでいたアメリカやヨーロッパではプラズマによる磁気嵐の影響を受けて各地の電信ネットワークが故障します。さらに送電線には、磁気嵐による誘導電流が流れることによって、いたるところで火災が発生したのです。この1859年にキャリントンが観測したフレアは、観測史上最大の太陽フレアとコロナ質量放出であり、今日「キャリントン・イベント」と呼ばれます。

このように地球は、常に太陽の周期的または突発的なイベントの影響下にあります。また、宇宙から飛来する強力な銀河宇宙線にもさらされています。地磁気は、これらの地球外からの〝攻撃〟に対して、地球表層を守るバリアとして働いていますが、その効果にはもちろん限界もあります。最近、「スーパーフレア」という、通常の太陽フレアよりも圧倒的に大きな現象の存在が注目されています。スーパーフレアは、星そのものが明るくなるようなイベントで、太陽と似たような恒星で実際に観測された現象です。かつて太陽でも起きた可能性も、後述の炭素14を使った分析から指摘されています。もし現代において、キャリントン・イベントよりも大きな太陽フレアが発生したら、我々は甚大な被害を受けるかもしれません。

さらに、確率は非常に低いですが、もし太陽系の比較的近傍で超新星爆発が起きた場合には、地球表層は猛烈な銀河宇宙線にさらされ、人類を含めて、地球上の生命は生き残ることができないかもしれません。最近、こういった地球外に由来する災害は「宇宙災害」と呼ばれ、注目を集めています。太陽活動の謎も含めて、興味のある方は一般向けの良書が出版されていますので、ご一読下さい（巻末・参考図書参照）。

宇宙からきた「手紙」を読み解く

さて、これまで紹介してきたように、地磁気強度だけでなく、じつは太陽活動も時間とともに変化することで、地球に到達する銀河宇宙線量をコントロールします。そしてこの変化は銀河宇宙線によって作られる宇宙線生成核種の生成量も変動させるのです。つまり、地磁気、太陽、そして銀河宇宙線の三角関係についての情報を伝えてくれる宇宙線生成核種は、宇宙からきた「手紙」とも言えるのです。それでは次に、宇宙線生成核種の生成のしくみを見ていきましょう。

先に紹介したように、銀河宇宙線が大気に衝突すると大気中の原子の原子核が破壊され、宇宙線生成核種が作られます。

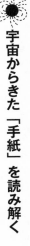

もっとも代表的な宇宙線生成核種は炭素14です。炭素の大多数を占める炭素12は、それぞれ陽子と中性子が6個ずつの原子核を持ちますが、ごくわずかに存在する炭素14（炭素12の1兆分の1）は、炭素12に比べて中性子を2つ余分に持ちます。銀河宇宙線が原子核を破壊するときに放出された中性子が、窒素原子（陽子と中性子を7個ずつ持った窒素14）の中の陽子と入れ替わることで、炭素14（陽子が6個、中性子が8個）が作られるのです。

炭素14はおもに大気上層で作られますが、生成後すぐに酸素と結合して二酸化炭素になります。二酸化炭素に組み込まれた炭素14は、ほかの炭素12と同様に、光合成によって植物などに取り込まれたり、それを食べた動物の体になったり、海洋に溶け込んだりしながら、地球表層を巡る炭素の循環に組み込まれていきます（これを「炭素循環」と呼びます）。

炭素14は、半減期が５７３０年の「放射性同位体」です。つまり、炭素14は時間の経過とともに放射線を出して、もとの安定した窒素14に戻ります。半減期とは、このように放射性同位体が変化して（「放射壊変」と呼びます）、当初の数の半分が別の核種になるまでの時間です。つまり、炭素14の場合は５７３０年経つと最初の半分になってしまうのです。

そして、このような炭素14の特性を利用したのが、放射性炭素年代測定です。光合成やその後の食物連鎖などを通して動植物に取り込まれた炭素14は、その個体が死ぬと供給が絶たれ、炭素循環から切り離されます。そのため、それ以降は放射壊変によって個体内の炭素14は徐々に減っていきます。この関係を使うことで、動植物が生命活動を停止して以降の経過時間を推定することができるのです。

ベリリウム10で地磁気強度を推定する

炭素14には、ほかにも重要な利用方法があります。それは過去の太陽活動の復元です。炭素14はおもに銀河宇宙線と大気の核反応によって作られますが、銀河宇宙線の入射量は太陽活動と地磁気の強さの影響を受けて変動します。一方、広い宇宙では常にどこかで超新星爆発が起きており、太陽圏に到達する銀河宇宙線量は基本的には一定と考えることができます。このことから、過去の炭素14の生成量、つまり銀河宇宙線の入射量がわかれば、過去の太陽活動や、さらには地磁気強度を調べることが可能となるのです。

たとえば、樹木には炭素循環を通して巡ってきた炭素14が、毎年成長する年輪として取り込まれます。したがって、年輪中の炭素14濃度を調べることで、過去の炭素14生成量を一年ごとに知ることができるのです。最近では、屋久杉など寿命の長い樹木や、地層中に埋没した樹木などを使うことで、1万年以上前までさかのぼって太陽活動を復元できるようになってきています。

一方、宇宙線生成核種には、炭素14以外の核種も多数存在します。その中でも本書の主役となるのが、ベリリウム10（陽子が4個、中性子が6個）です。ベリリウム10は、銀河宇宙線の入射によって大気中で酸素や窒素の原子核が破壊されることでおもに生成されるため、炭素14と同様に、過去の太陽活動や地磁気強度の指標として利用することができます。

大気中で作られたベリリウム10は、雨や雪などに取り込まれて地表まで運ばれます。大気中の滞留時間は、二酸化炭素として大気中に滞留する炭素14に比べると短く、数年以内とされています。また、ベリリウム10の半減期は約140万年で、炭素14（5730年）よりずいぶん長く、地球上での循環プロセスも単純です。一方、地磁気強度は、太陽活動変動に比べてゆっくりですが、大きく変動することがわかっています。このため、ベリリウム10は、じつは地磁気強度の推

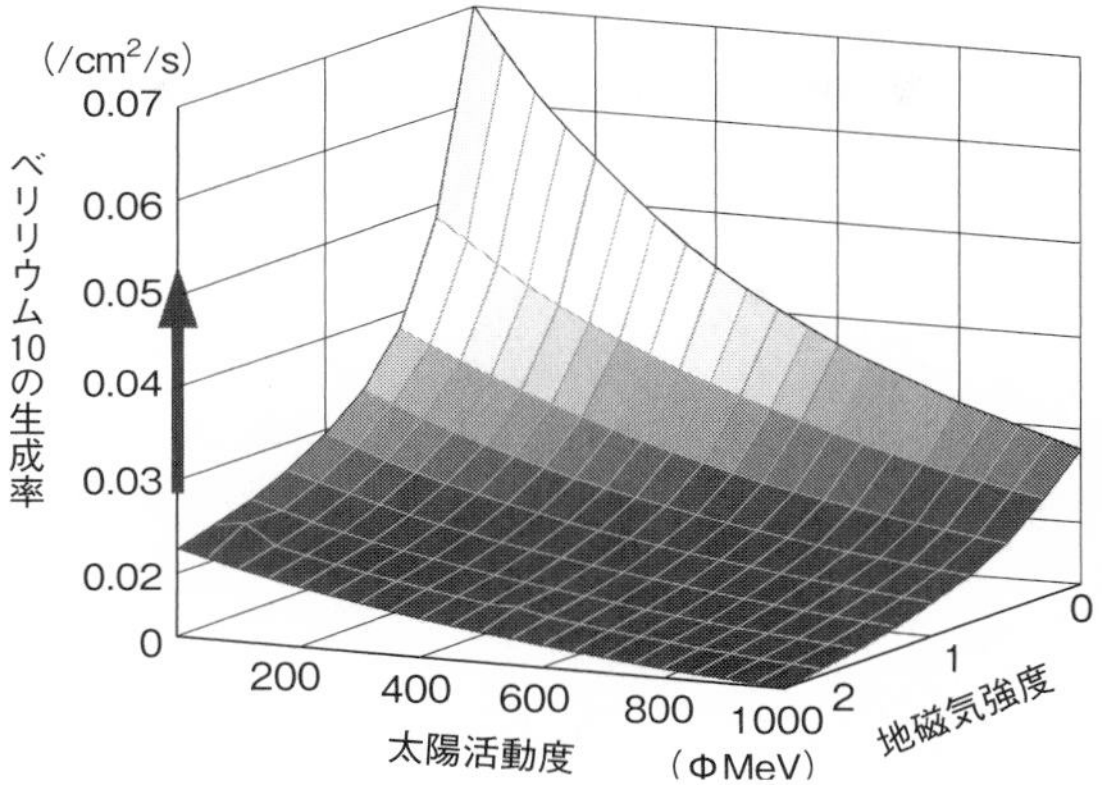

図5-6　ベリリウム10の生成率と、太陽活動度および地磁気強度の関係
地磁気強度が低くなったり、太陽活動が低下すると、ベリリウム10がたくさん作られる。なお、太陽活動度は数千年以上の長い時間スケールではほとんど変化しないが、地磁気強度の変動幅はたとえば過去80万年間で少なくとも70～120％もあり、ベリリウム10生成率への影響が大きい　〈Beer et al.（2012）より改変〉

定により適しているのです。

具体的には、現在から数千年前（～数万年前）程度の期間では、ベリリウム10も太陽活動の指標として利用されますが、それより長い時間スケールの変動となると、ベリリウム10の生成量はおもに地磁気強度変動の指標となります（図5-6）。

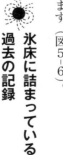

氷床に詰まっている過去の記録

ベリリウム10を用いた銀河宇宙線入射量の復元において、もっとも重要な研究対象はグリーンランドや南極の「氷床」です。氷床とは、氷河と同様に、かつて降った雪が荷重による圧縮で氷へと変化し、流動してできるものです。ただし、アルプスなどの山々の谷間を埋めるような氷河と違って、氷床はグリーンランドや南極大陸を覆うような巨大スケールです。とくに地球最大の氷床である南極氷床ともなると、その厚さは最大で4000mにも達し、そのすべてが融ければ全世界の海面が約58mも上昇すると言われています。いわば氷床とは、過去に降った雪からなる巨大な淡水の貯蔵庫なのです。

氷床は、降雪が次々に積み重なってできたものなので、地層のように下にいけばいくほど、古い雪（氷）が存在します。また、雪粒のあいだにあった昔の空気は、氷の中に気泡として保存されています。したがって、氷床表面から下に向かって氷の試料「氷床コア」を掘削し、その成分を分析すれば、降雪当時の気候変動や大気の組成などを復元することができるのです。

たとえば南極氷床では、これまでに約80万年前までさかのぼる氷床コアが採取されており、過去の気候変動を知るためのとても貴重なサンプルとなっています。そして、ベリリウム10も同様に降雪によって大気中から氷床に運搬されるため、氷床コア中のベリリウム10の濃度を調べることで、過去の銀河宇宙線の入射量を推定することも可能となるのです（図5-7）。

一方、降雨や降雪によって氷床以外の地域に運ばれたベリリウム10の大部分は、河川などを通して最終的には海洋に運ばれます。海洋に移動したベリリウム10は、海水の循環によってしばしの間、海中を滞留します。しかし、最終的にはその他の堆積物粒子などとともに海底に運ばれ、地層中に閉じ込められていきます。したがって、海底堆積物に含まれるベリリウム10の濃度からも、氷床コアと同様に、過去の銀河宇宙線入射量を知ることができるのです（図５-７）。

図５-８は、グリーンランド氷床コアから復元した過去６万年間のベリリウム10供給量の記録です。前章で説明したように、地磁気にはエクスカーションと呼ばれる急激な地磁気強度の低下イベントが存在したとされています。その代表例が、今から約４万年前のラシャン・エクスカーションです。

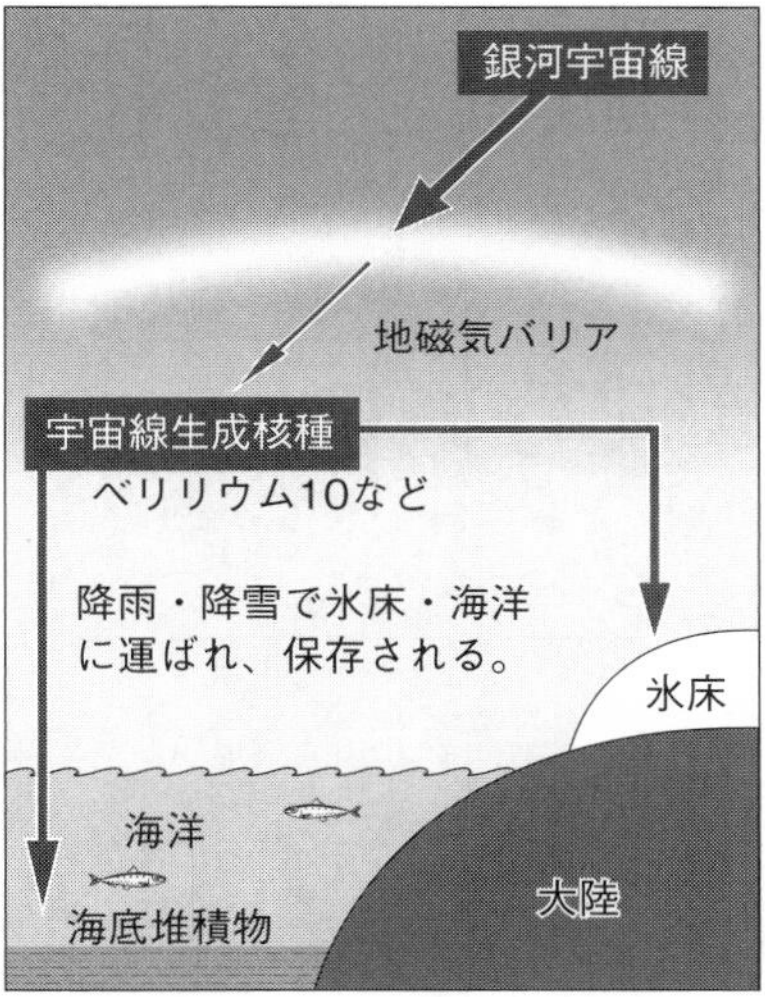

図5-7　宇宙線生成核種が
氷床や海底に保存されるまで
銀河宇宙線によって大気中で宇宙線生成核種が作られる。とくにベリリウム10は降雨や降雪によって速やかに大気中から地表へ移動し、氷床や海底堆積物に閉じ込められる

図５-８を見ると、グリーンランド氷床コアには約４万年前にベリリウム10の著しいピークが認められます。先に説明したように、地磁気が弱くなると、銀河宇宙線がより多く地球大気に突入し、炭素14やベリリウム10などの宇宙線生成核種が多く作られます。

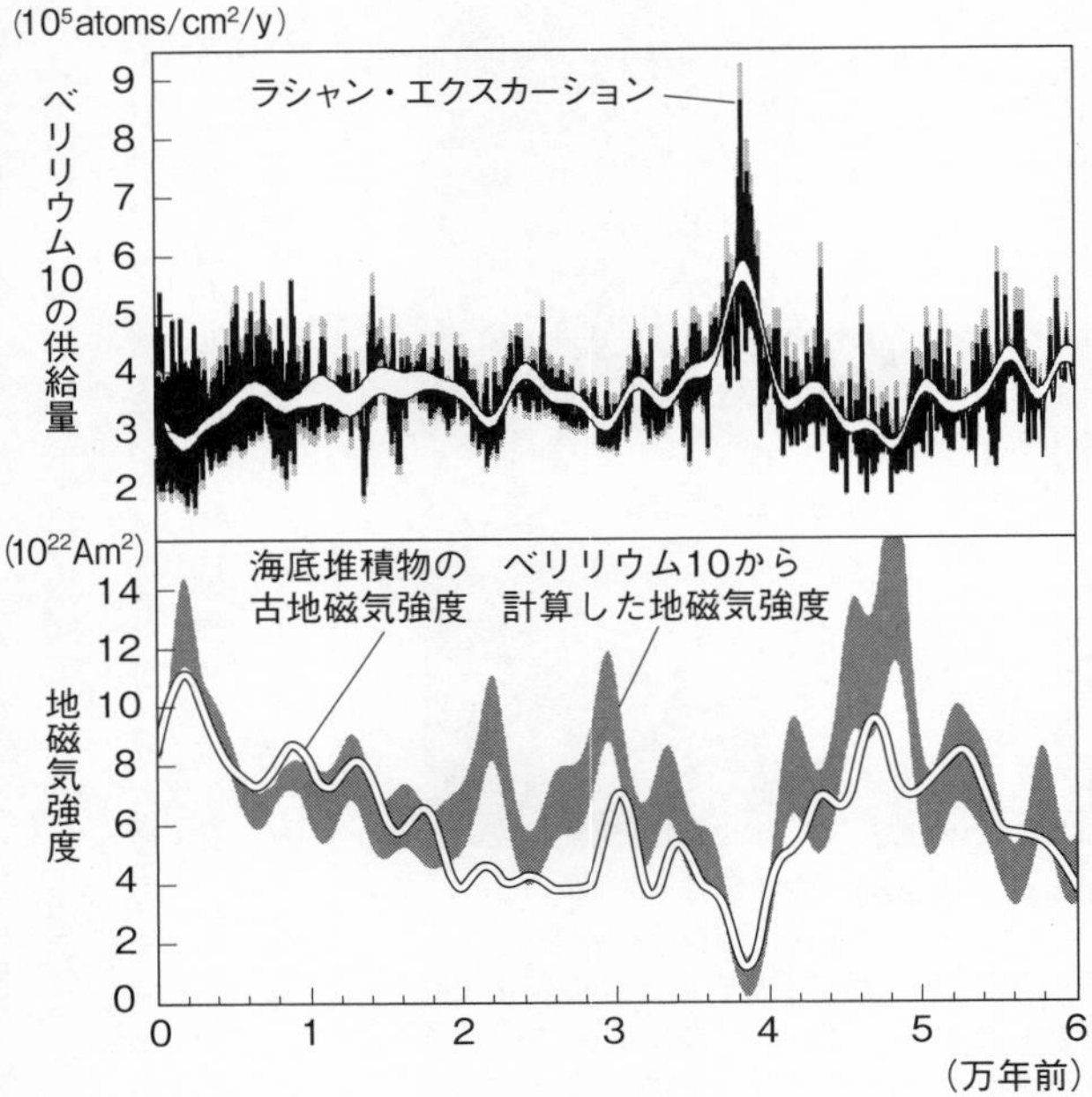

図5-8　氷床コアのベリリウム10記録と、そこから計算した地磁気強度
海底堆積物から推定した古地磁気強度変動データとも比較している。ラシャン・エクスカーションでは地磁気強度が極度に低下したことがわかる。ただし本図は、出典論文が出版された当時のデータを反映しているため、最新のラシャン・エクスカーションの年代と少しズレがある
〈Beer et al.(2012)より改変〉

つまり、グリーンランド氷床コアに記録されるベリリウム10の著しいピークは、ラシャン・エクスカーションの際に地磁気が急激に弱まったことを明瞭に示しているのです。

このように、氷床コアのベリリウム10の記録は、海底堆積物

から求めた古地磁気強度と同様に、過去の地磁気強度を示す優れた指標となります。さらに、氷床コアのベリリウム10と海底堆積物の古地磁気の記録は、ともに地磁気強度の変動の指標であるために、その変動のパターンを照らし合わせることで両者を直接比較することが可能となるのです。この手法は、氷床コアと海底堆積物という、まったく異なった過去の変動の記録媒体の直接比較を可能とするため、変動の前後関係などから、イベントの原因を探ることができるようになります。そのため、気候変動研究などの分野において近年注目を集めています。

「古地磁気学の未解決問題」とは

これまで紹介してきたように、近年の研究によって、氷床コアや海底堆積物のベリリウム10からも、過去の地磁気強度を推定できることがわかってきました。このことは、過去の地磁気変動の研究を大きく進展させると同時に、この特徴を利用することで、前章でも紹介した古地磁気学の未解決問題の一つにも取り組むことが可能となるのです。

その未解決問題とは、海底堆積物において地磁気情報が地層中のどこで記録されるのか？──つまり、海底堆積物の古地磁気は堆積物の表面で記録されるのか、もっと時間が経過したあとの地層深くで記録されるのか、その深度がいまだ不明確であるという問題です（図５-９）。

これは、「堆積残留磁化の獲得深度問題」として長年議論されてきた古地磁気学における難問

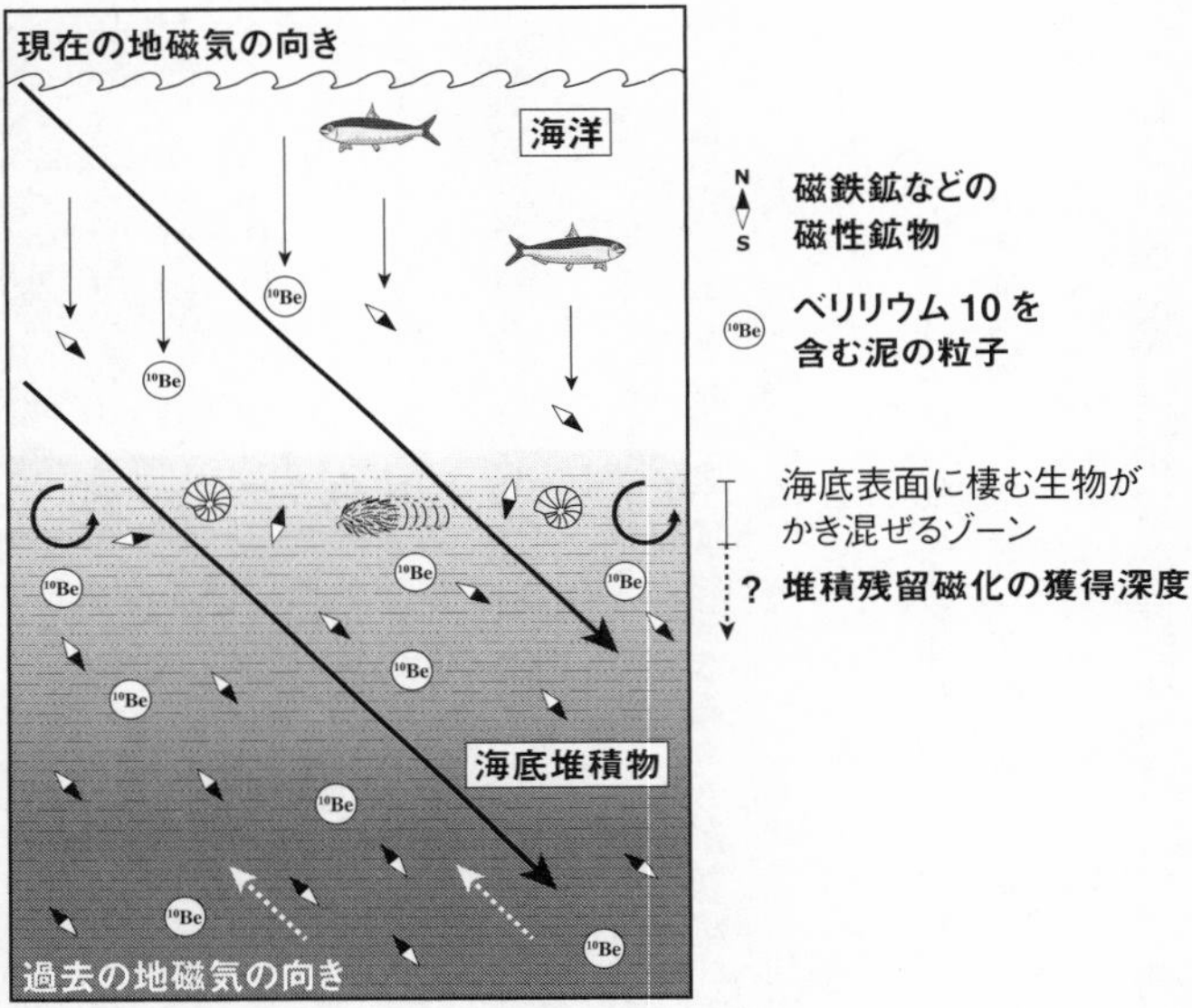

図5-9　海底での堆積残留磁化獲得のメカニズム
ベリリウム10は海底表面に棲む生物によってかき混ぜられたあと、地層中に固定される。小さな磁鉄鉱などの磁性鉱物は、地層中のある深さで固定され、このときの地磁気を堆積残留磁化として獲得する。この深さが、堆積残留磁化の獲得深度である　〈菅沼（2011）より改変〉

で、海底堆積物だけでなく、古地磁気を使って地層の年代を決める際にも必ず注意すべき問題でした。なぜならば、もし堆積物の古地磁気の記録が堆積直後ではなく、やや遅れて（地層の少し深くで）獲得されるとすると、堆積物そのものの年代と、地磁気逆転などの古地磁気記録が示す年代には、「堆積残留磁化の獲得深度」に相当する分の誤差（年代差）が生じてしまうからです。

そもそも、岩石や地層の

年代を知るためにはどうしたら良いのでしょうか？　現在、一般的には放射年代測定という手法が用いられます。放射年代測定とは、第3章でも紹介したように、放射性同位体の放射壊変による核種の変化などを利用して、岩石や地層の年代（形成以降の経過年数）を調べる年代測定法のことです。

１５１ページで紹介した放射性炭素年代測定も放射年代測定の一種ですが、炭素14の半減期は５７３０年と短いため、たとえば海底堆積物を使った数万年から数十万年という長い時間スケールの研究には使うことができません。また、そのほかの放射年代測定の多くは、溶岩など火山活動に由来する岩石に有効な年代測定法で、ほとんどの海底堆積物には用いることができません。このため、海底堆積物の年代決定には別の方法が必要となるのです。

ここでカギとなったのが、海底堆積物に記録される古地磁気、とくに松山-ブルン境界などの地磁気逆転の記録です。第3、4章で紹介したように、溶岩と海底堆積物はともに古地磁気を記録します。したがって、溶岩の古地磁気と放射年代から確立された地磁気極性年代表を利用すれば、海底堆積物の古地磁気に記録された地磁気逆転を基準にして、海底堆積物の年代を決定できるのです。つまり、地磁気逆転は海底堆積物の年代を示す貴重な基準、または時間の「目盛り」であり、もしその基準がズレてしまったら、海底堆積物を使ったさまざまな研究に大きな影響が出てしまうのです。

地質学では年代の決定がとても大切です。しかし、それは一筋縄ではいきません。地質学者は、さまざまな手法や断片的な記録から、パズルを組み立てるようにより正確な年代を求めていくのです。このため、この先の説明にもややこしい部分が含まれますが、流れだけでも追っていただければと思います。

ミランコビッチ理論と氷期-間氷期サイクル

一方、1970〜1990年頃、数万年から数十万年というスケールの地球の気候変動において、繰り返し訪れる氷期と間氷期（「氷期-間氷期サイクル」と呼びます）の原因が、地球の軌道や自転の特性にあるという仮説が注目を集めていました。現在では、この仮説は広く受け入れられており、仮説の提唱者であるセルビアの地球物理学者ミルティン・ミランコビッチ（Milutin Milanković）にちなんで、「ミランコビッチ理論」と呼ばれています。

ミランコビッチは、1920年代に地球の軌道の離心率、自転軸の傾き、そして歳差運動の変動パターンによって、地球に到達する太陽の放射エネルギーの地理分布が周期的に変動し、このために地球の気候も同様に周期的に変動するのではないかと提案しました。まだコンピュータもない時代に、ミランコビッチは緻密な計算から地球の軌道や自転の複雑な動きを明らかにし、地球の気候変動との関係を説明する大胆な仮説を提唱したのです。

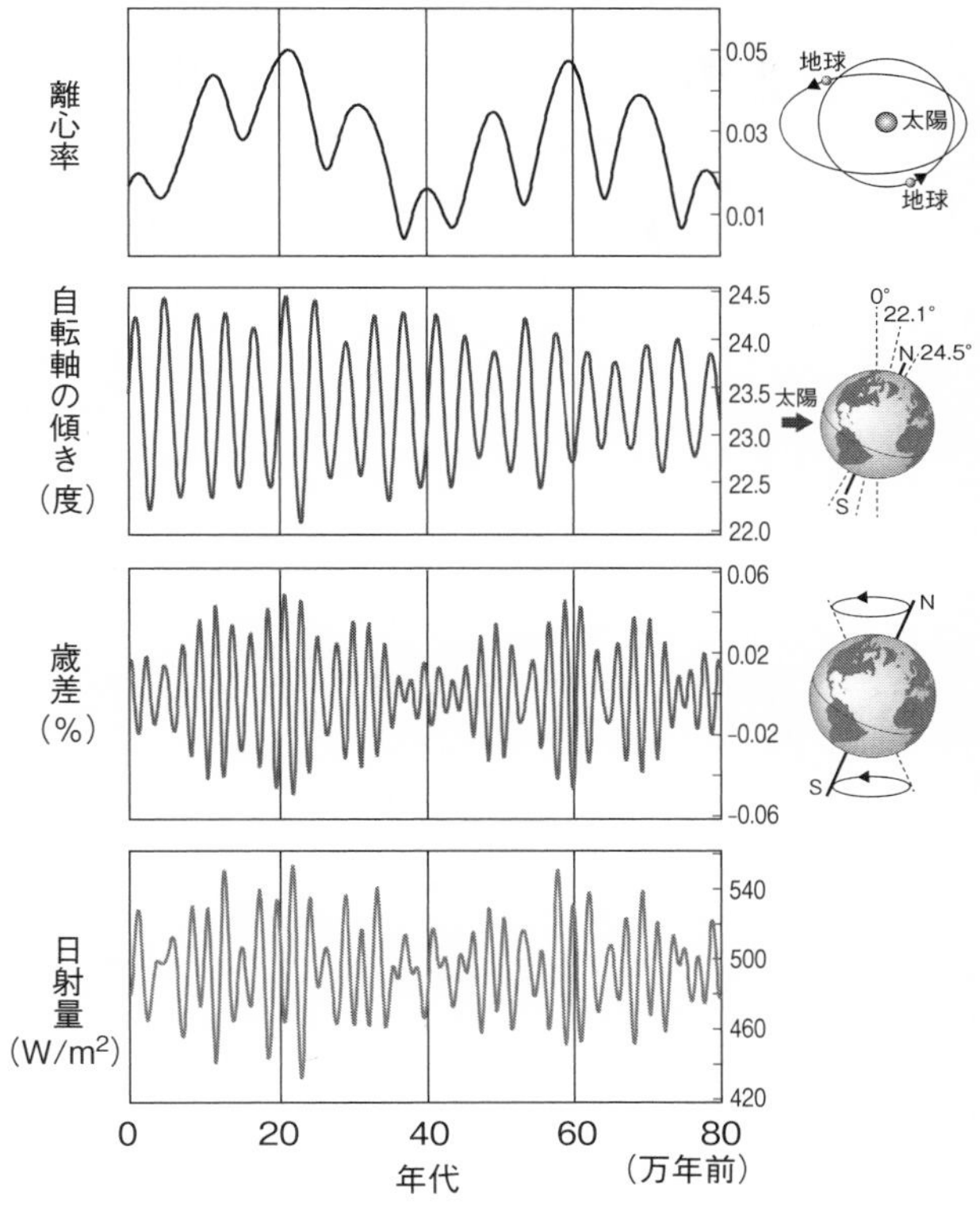

図5-10　地球軌道の離心率、自転軸の傾き、
歳差運動の変動と日射量の変動

過去80万年間の変動を示している。日射量は、北緯65度における計算値　〈Lasker et al.（2004）より改変〉

ここでミランコビッチ理論の核心である地球の軌道の離心率、自転軸の傾き、そして歳差運動の変動と気候変動の関係について、もう少し詳しく説明をしましょう（図5-10）。

まず離心率とは、地球が太陽のまわりを回る楕円形の公転軌道の形が、約10万年の周期で微妙に変化する際の軌道の扁平度合いを表したものです。離心率が大きいほど公転軌道はより楕円に、小さいほど真円に近づきます。一方、地球の自転軸は地球が太陽のまわりを回る軌道に対して垂直ではなく傾いており、その角度は約4万年の周期で22・1～24・5度の間を変化しています。さらに歳差運動とは、約2万年の周期で自転軸が指す方向が変化することを指します。その結果、現在は北極星を指す自転軸は歳差運動のために徐々に移動して、やがて別の場所を指すようになります。つまり、北極星はいずれ〝北極〟星ではなくなってしまうのです。

そして、これら離心率、自転軸の傾き、歳差運動の周期的な変動によって、日射による地球上への太陽放射エネルギーの分配が、時間とともに地理的にもそして季節的にも周期的に変化するのです。これを「ミランコビッチサイクル」と呼びます。

ミランコビッチサイクルによる日射の変化は非常に微妙なものですが、北半球高緯度の日射量の変化は、北アメリカ大陸やユーラシア大陸北部での氷床の発達に直結しているため、気候変動へのインパクトが大きいのです。これらの場所では、夏に十分な日射がないと冬期に降った雪が融けきらず、やがて氷床へと成長します。一旦氷床が成長を始めると、氷床表面は白いために日

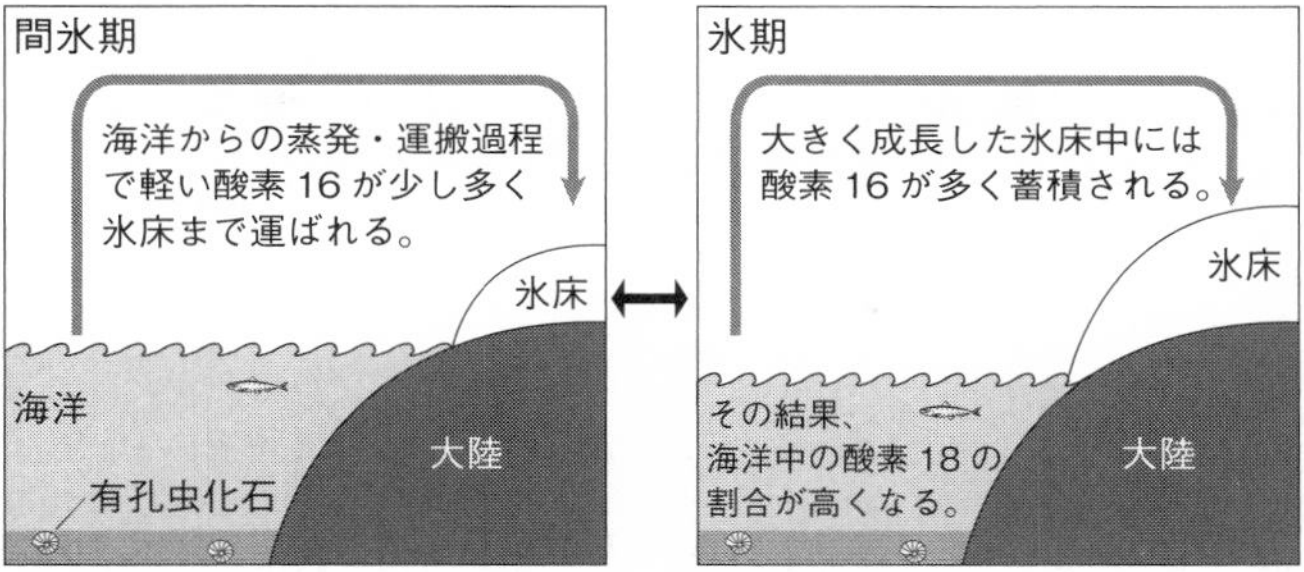
間氷期
海洋からの蒸発・運搬過程で軽い酸素16が少し多く氷床まで運ばれる。
氷床
海洋
大陸
有孔虫化石
氷期
大きく成長した氷床中には酸素16が多く蓄積される。
氷床
その結果、海洋中の酸素18の割合が高くなる。
大陸

図5-11　氷期と間氷期で変化する海水の酸素同位体比率
とくに深海に棲む有孔虫化石の殻に含まれる酸素同位体の比率は、氷期-間氷期サイクルに対応しておもに北半球に発達する氷床量の変動を反映して変化する

射を跳ね返してしまいます。すると、地表が暖まらずさらに寒くなります。これらの効果が重なるとやがて地球全体が寒冷化し、氷期へと突入していくのです。

一旦氷期になってしまうと、やがて北半球高緯度に十分な日射が届き氷床を融かすときが来るまで、この状態が続きます。このように、ミランコビッチサイクルに由来するわずかな日射量の変動は、氷床の成長・融解という増幅装置を介して、氷期と間氷期という地球の気候の周期的な変動をもたらすのです。

このような過去に起きた地球気候の大変動は、海水中の酸素の同位体（酸素16と18）比率の変化として、その痕跡が残されています（図5-11）。海水中の酸素16は、酸素18に対して質量がわずかに軽いため、海洋からの蒸発と積雪を介して、最終的に氷床中には軽い酸素16が少し多めに集まります。この結果、残された海洋の酸素同位体は、氷床が大きく成長する氷期では

酸素18の比率が高く、間氷期には低くなります。このような氷期-間氷期サイクルに伴った海水の酸素同位体比率の変化は海底堆積物中に含まれる有孔虫という海洋微生物の化石に記録されるため、これらを分析することで過去の気候状態を知ることができるのです。

年代決定への利用と、そこで見つかった「問題点」

ミランコビッチによるこの大胆な仮説は、発表当時こそ注目されましたが、過去の気候変動の年代決定の難しさから証明が難しく、1960年代にはほぼ忘れ去られていました。ところが、その後ミランコビッチ理論は再び脚光を浴びます。このとき重要な証拠の一つとなったのが、海底堆積物の古地磁気に記録される「地磁気逆転」です。

その頃、放射年代測定の技術革新によって溶岩の年代測定精度が向上し、松山-ブルン境界などの地磁気逆転年代も以前より正確に決定されるようになりました。その結果、地磁気逆転を基準とした海底堆積物の年代決定精度も向上します。こうして年代がより正確に推定された海底堆積物の気候変動記録には、ミランコビッチ理論が予測したとおりのタイミングで訪れる周期的な気候変動（氷期-間氷期サイクル）が刻まれていました。こうしてミランコビッチの死後から数十年経ったのちに、ようやく彼の仮説が認められるようになったのです。

さて、ミランコビッチ理論が正しいとなると、今度はその応用が始まります。その中でもっと

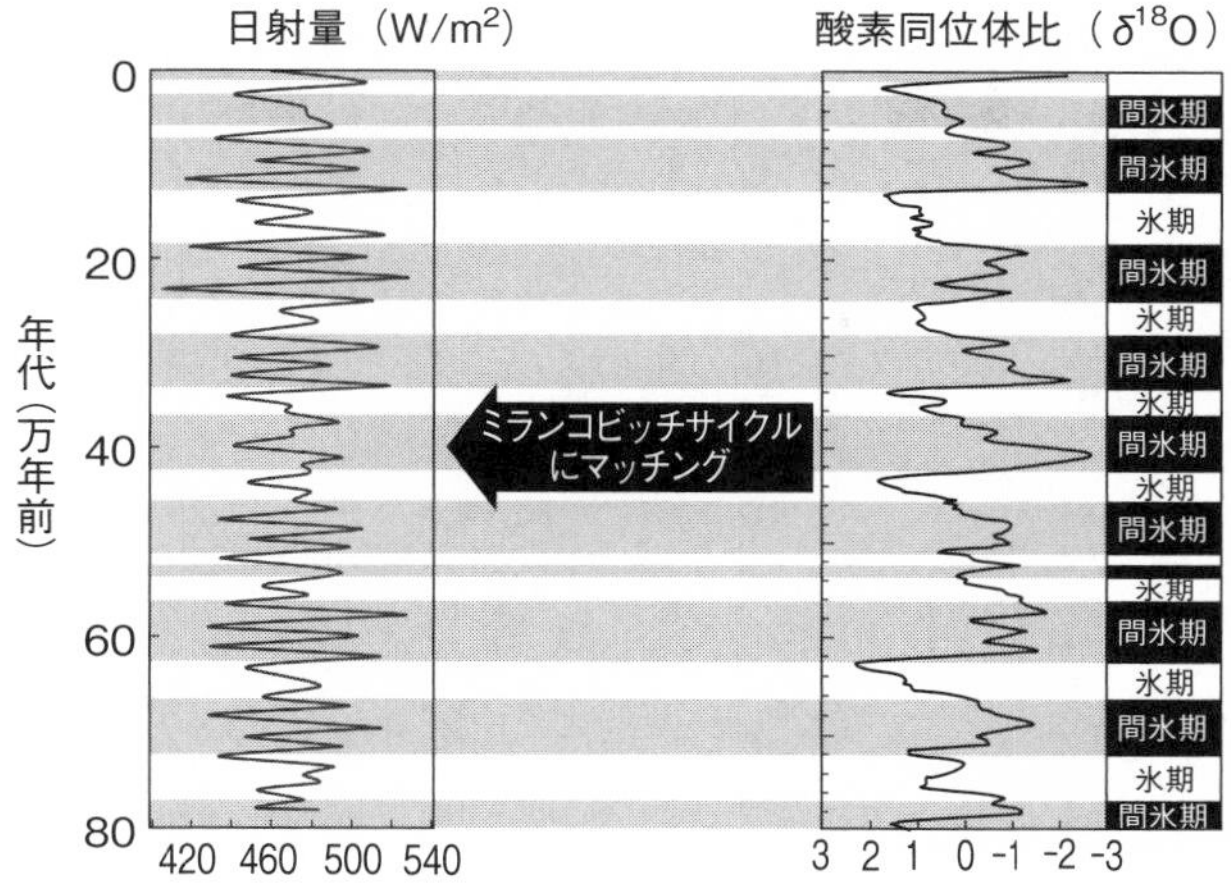

図5-12　ミランコビッチ理論にもとづく海底堆積物の年代決定
氷期－間氷期サイクルに応じた有孔虫の酸素同位体比率の変動とミランコビッチサイクルを対応させることで、海底堆積物の年代を決定することができる　〈日射量は『Lasker et al.（2004）』、酸素同位体データは『Lisiecki and Raymo（2005）』より作図〉

も重要なものは、ミランコビッチサイクルを用いた海底堆積物の年代決定です。つまり、海底堆積物に記録された過去の気候変動のシグナルをミランコビッチサイクルに当てはめることで、これまでは地磁気逆転しか基準がなかった海底堆積物の年代をより詳しく知ることができるようになったのです（図５-12）。

さらに、このミランコビッチ理論にもとづく海底堆積物の年代決定は、その後は地磁気逆転年代そのものの推定にも用いられるようになります。連続的に堆積した海底堆積物の場合、基本的に地磁気逆転は欠落なく連続的に記録されます。したがって、ミランコビッチ理論によって海底堆積物の年代を正確に決められれば、地磁気逆転の年代もより精密に決定することが可能となるのです。

このようにミランコビッチサイクルの発見は、地球の気候変動の理解だけでなく、海底堆積物の年代決定にも大きな進歩をもたらしました。しかし、その後も海底堆積物を使った気候変動の研究が進むにつれ、海底堆積物の地磁気逆転の記録には、重大な問題が見つかることとなります。じつは、ミランコビッチ理論によって決定した氷期-間氷期サイクルのタイミングと、地磁気逆転のタイミングが、堆積物によって一致しないケースが見つかったのです。

地磁気逆転は基本的には世界中で同時に起きる現象であるため（厳密には若干の時間差がある可能性もあります）、同様に規則正しく地球全体の気候が変動する氷期-間氷期サイクル上において、地磁気逆転が起きるタイミングはどこで観測しても一致していなくてはなりません。しかし、この両者のタイミングが一致しないということは、海底堆積物の古地磁気の記録が、堆積直後ではなく、やや遅れて（地層の少し深くで）獲得されていることを示します。そして、この「堆積深度」は、堆積した環境（場所）によって違っている可能性があるのです。

これはまさに、先に述べた「堆積残留磁化の獲得深度問題」です。もし、海底堆積物の年代を決めるうえで基準である古地磁気の記録にズレが存在するとなると、地磁気逆転を使った海底堆積物の年代決定だけでなく、ミランコビッチ理論によって決定したすべての古地磁気記録の年代も変わってしまうため、地球科学全体においてもインパクトのある大きな問題となったのです。

「堆積残留磁化の獲得深度問題」、解決か？

１９９０～２０００年頃にかけて、多くの古地磁気研究者が「堆積残留磁化の獲得深度問題」の解決に取り組みました。

とくに、アメリカのスクリプス海洋研究所のリサ・トークス（Lisa Tauxe）らのグループが、人工的に堆積残留磁化を獲得させる実験やその理論的な背景を精力的に研究します。これにより、第４章でも紹介した「海底堆積物がどのように古地磁気を記録するのか（どのように堆積残留磁化を獲得するか）」についての理解が深まりました。

さらにトークスらは、これまでに報告されていた氷期-間氷期サイクルと地磁気逆転を記録している海底堆積物のデータを集め、その両者のタイミングの違いを詳しく調べ、そこには有意な違いが認められないことを見出します。２００６年、彼女らはそれまでの研究を総括し、堆積残留磁化が海底堆積物の堆積直後に速やかに獲得されること、そのため堆積物そのものの年代と地磁気逆転など古地磁気が示す年代には顕著なズレはないと発表します。

つまり、彼女らは「堆積残留磁化の獲得深度は０㎝である」という結論にたどりついたのです。海底堆積物を使って気候変動や地磁気の研究を進めていた関係者は、この結果に安堵します。当時まとめられた古地磁気学の教科書には、彼女らの結論にしたがって、堆積残留磁化は海底堆積物の堆積直後に速やかに獲得されるため、堆積物の年代と古地磁気の間に年代差は生じないと記されました。また、これら一連の研究の進展によって、ミランコビッチ理論にもとづく海底堆積物の年代決定から、もっとも最近の地磁気逆転である松山-ブルン境界が約78万年前であることが確認されたのです。

しかし、じつは彼女らが根拠としたミランコビッチ理論による海底堆積物の年代決定には限界がありました。この年代決定法は、堆積残留磁化の獲得深度を確定するには年代の決定精度が不十分だったのです。

そもそも、海洋の循環には比較的長い時間が必要です。このため、海洋微化石に記録される氷期-間氷期サイクルによる海水の酸素同位体比率の変化(図5-11を参照)が海洋に広くいきわたるためにも時間が必要となり、長い場合には数千年もかかるのです。このため、もし氷期-間氷期サイクルと地磁気逆転のタイミングにズレが存在していたとしても、そのズレによって生じる堆積物の年代差が数千年以下であれば、実際に観測することはきわめて困難なのです。

つまり、彼女らの方法では「堆積残留磁化の獲得深度＝0㎝」とは言い切ることはできません。したがって、彼女らの貢献によって海底堆積物の古地磁気が記録されるしくみはずいぶん解明されましたが、堆積残留磁化の獲得深度問題はまだ解決に至っていなかったのです。

未解決問題を解くための〝強力な武器〟

このように、ミランコビッチ理論にもとづく海底堆積物の年代決定では、「堆積残留磁化の獲得深度問題」を解くための十分な年代精度が得られないことがわかりました。それでは、この問題にはどのように取り組んだらよいのでしょうか？

もっとも効果的な方法は、堆積物の年代そのものには頼らず、海底堆積物の古地磁気の記録のズレを直接知ることです。もちろん、それができれば堆積残留磁化の獲得深度問題は簡単に解決したはずで、未解決のままだったのは、このズレを知る方法がなかった、もしくは困難であったためです。

しかし、本書をここまで読んでこられて気づいた方もいるかもしれませんが、我々にはこのズレを直接知るための〝強力な武器〟があります――それは、ベリリウム10です。

先に紹介したように、ベリリウム10はグリーンランドや南極の氷床だけでなく、海底堆積物にも閉じ込められています。ベリリウム10の生成は、地磁気強度変動の影響を受けるので、海底堆積物中のベリリウム10濃度を分析すれば、過去にさかのぼって地磁気強度を推定できます。つまり、海底堆積物の古地磁気の記録と同様に、ベリリウム10は地磁気強度変動の指標となるのです。

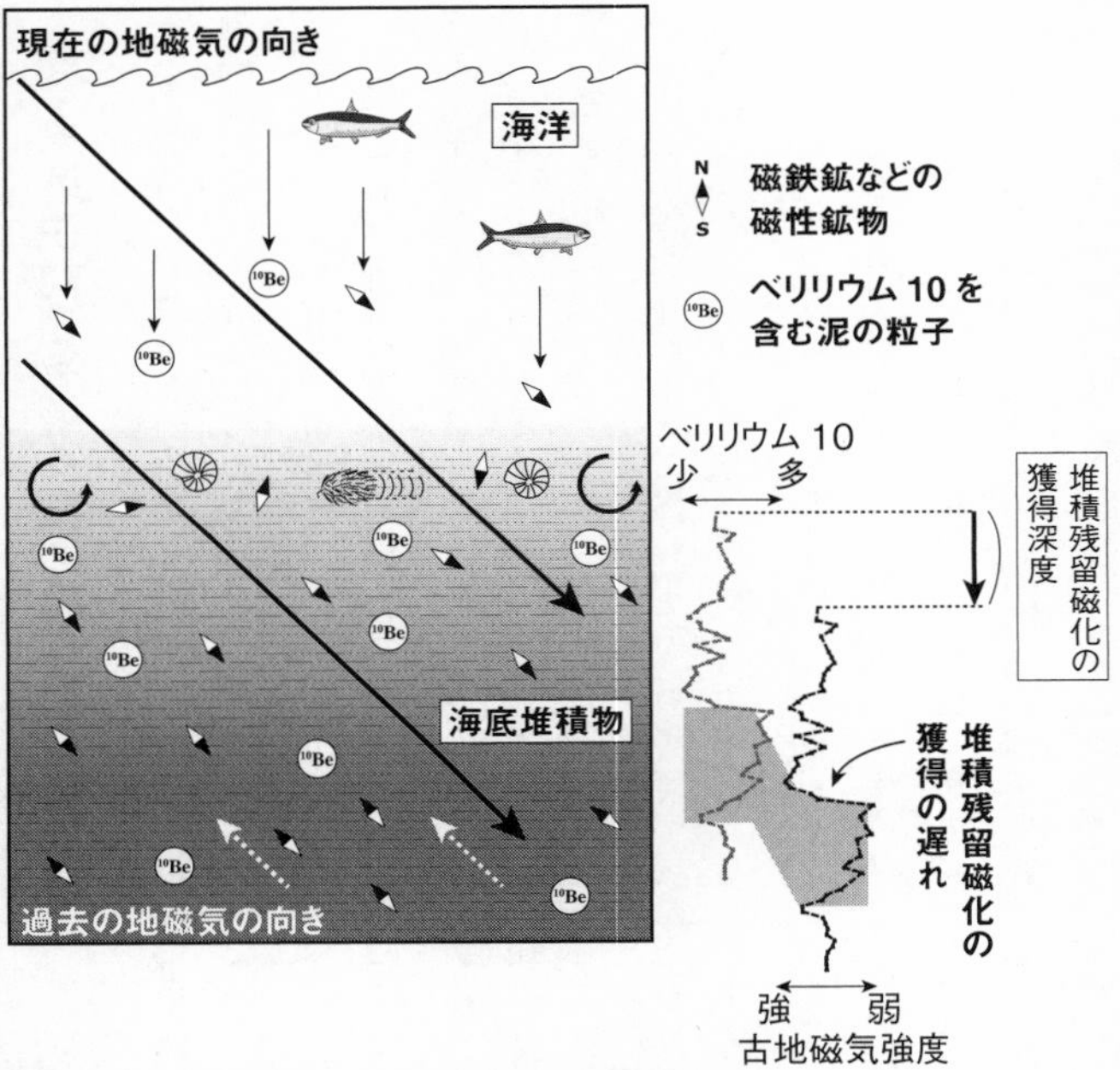

図5-13　古地磁気とベリリウム10を比較して
「堆積残留磁化の獲得深度」を決める
同じ海底堆積物から、堆積残留磁化（古地磁気）とベリリウム10の記録のズレが確認できれば、それが堆積残留磁化の獲得深度を示す　〈菅沼（2011）より改変〉

そして、このことを利用すると、海底堆積物の古地磁気の記録のズレを知ることができるのです。たとえば、1つの海底堆積物から、古地磁気とベリリウム10の両方の記録を比較して、もし両者にズレがあれば、それは「堆積残留磁化の獲得深度」を示しているからです（図5-13）。この手法の利点は、同一の海底堆積物中から2つの地磁気変動の指標（古地磁気とベリリウム10）を直接比較するため、ミランコビッチ理論や放射年代測定などから決定した海底堆積物の年代を使って間接的にズレを探る必要がないことです。

長い間、謎が解かれなかった理由

「堆積残留磁化の獲得深度問題」に対するこのアプローチは、きわめて単純なコンセプトで、技術的にも十分に可能な手法でした。しかし意外なことに、長い間ほとんど手つかずの研究テーマだったのです。

その理由の一つは、古地磁気学は基本的に地球物理学もしくは地質学をベースとする研究分野であるのに対して、ベリリウム10などの宇宙線生成核種の分析は化学もしくは氷床コアなどを取り扱う雪氷学分野の研究であったからかもしれません。しかし2000年代を迎えると、こういった分野間の垣根もなくなり、ベリリウム10と古地磁気の両方から「堆積残留磁化の獲得深度問題」に取り組むことができる環境が整いつつありました。

そのような状況下で、私は2007年頃から、新たにベリリウム10の研究を始めるとともに、堆積残留磁化の獲得深度問題、さらには地磁気逆転年代の修正という研究テーマに取り組むことになります。ここから先、本書は私自身の研究ストーリーを中心に、堆積残留磁化の研究からチバニアン誕生へと話を展開していきたいと思います。

そもそも、最初に海底堆積物のベリリウム10を測定したのは、フランスの物理学者ライズベック（Grant M. Raisbeck）で、1970年代にはすでに最初の試みがおこなわれていました。ライズベックは、当時実用化され始めたばかりの加速器を使ったきわめて精密な同位体分析によって、海底堆積物中のベリリウム10の濃度の測定に成功したのです。その後、ライズベックは、海底堆積物の古地磁気記録から見つかった地磁気逆転に対応して、ベリリウム10の濃度が上昇することを初めて確認しました。

じつはこのとき、彼はすでにベリリウム10の濃度のピークと、地磁気逆転の記録の間には堆積物の厚さで10㎝程度のズレが存在する可能性を指摘しています。しかし、彼がこのときに調べたのは地磁気極が南から北に移動する地磁気逆転のタイミングのみであって、地磁気強度そのものとの比較ではありませんでした。このためもあり、彼の「堆積残留磁化の獲得深度問題」についての先駆的研究はそれほど注目を集めることはありませんでした。

深夜に気づいた「不思議なデータ」が示していたこと

2005年に博士号を取得したのち、東京大学理学部で研究員をしていた私は、研究室のボスであった横山祐典博士（現東京大学大気海洋研究所教授）と、東京大学にある加速器質量分析施設の松崎浩之教授の協力を得て海底堆積物のベリリウム10の研究を始めました。

この研究の当初の目的は、海底堆積物の古地磁気とベリリウム10の記録を使った、炭素14では難しい数千年を超える長い時間スケールでの太陽活動の復元でした。もし前出のトークスらの論文のとおり、海底堆積物の「堆積残留磁化の獲得深度が０㎝」であれば、理論的には海底堆積物の古地磁気とベリリウム10の記録を比較すれば太陽活動の変動が推定できるはずだからです。私は太平洋の３ヵ所で採取された海底堆積物のサンプルを使って、可能な限り細かい間隔で（「高分解能」と言います）ベリリウム10を測定し、同じ堆積物から推定した古地磁気強度と比較していきました。

ある晩、加速器質量分析施設に残って深夜までベリリウム10の測定をしていた私は、徐々に出てくるデータを眺めていて不思議なことに気がつきました。ちょうど松山－ブルン境界の地磁気逆転に対応する部分の堆積物を分析していましたが、古地磁気の記録とベリリウム10のピークが示す地磁気逆転の位置が明らかにズレていたのです。私はすぐにこの結果が重大な意味を持つことを理解しました。このベリリウム10のデータは、「堆積残留磁化の獲得深度が０㎝」ではないということを示していたのです。

すべての測定を終えてデータ解析を済ませると、３セットの海底堆積物サンプルの古地磁気記録とベリリウム10の記録の間には、約15㎝の明瞭な深度差があることが明らかになりました（図

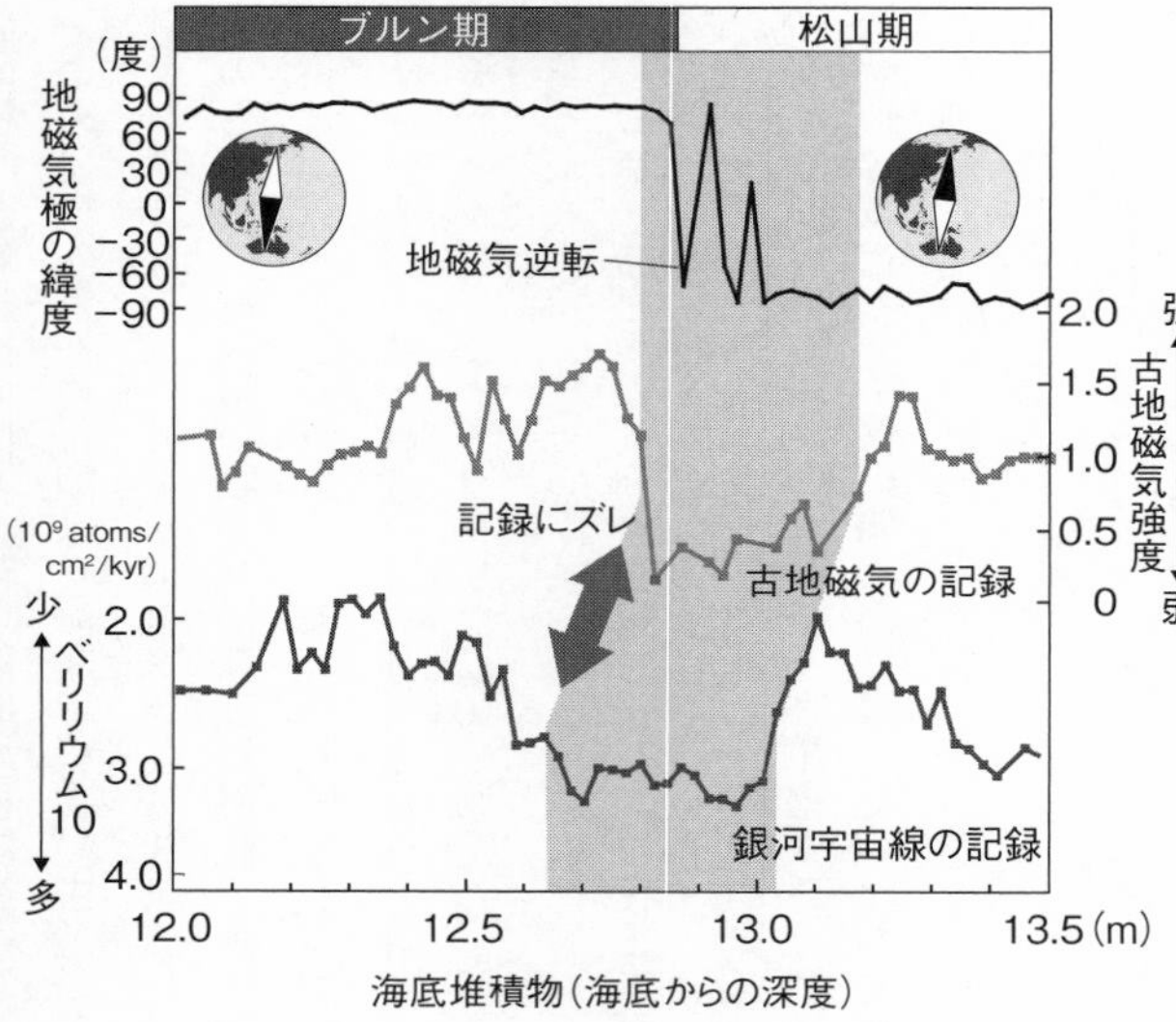

図5-14　海底堆積物のベリリウム10と古地磁気強度の比較によって明らかになったズレ

ベリリウム10の記録に対して、古地磁気が地層の少し深くで記録されていることを示す　〈Suganuma et al.（2010）より改変〉

5-14）。つまり、これらの海底堆積物には、約15cmの堆積残留磁化の獲得深度が存在したのです。

この結果は、ベリリウム10と古地磁気強度を用いて、直接「堆積残留磁化の獲得深度」を決定した初めての例となりました。そして同時に、その当時の常識であった「堆積残留磁化の獲得深度＝0cm」は普遍的な事実ではないことを示したのです。もし、約15cmの堆積残留磁化の獲得深度が存在すると、地磁気逆転だけでなく、古地磁気の変動を使って決めた海底堆積物の年代と海底堆積物の真の年代との間には、堆積速度に対応した年代誤差が生じていることになるのです。

たとえば、１０００年に10㎝のスピードで堆積する地層では約１５００年の誤差、１０００年に１㎝しか堆積しない地層では約１万５０００年もの誤差が生じてしまうのです。先に紹介した約78万年前と推定されていた松山-ブルン境界の年代にも誤差が生じており、堆積残留磁化の獲得深度による古地磁気記録の遅れを考慮すると、正しい松山-ブルン境界の年代は、従来よりも若くなる（もっと最近になる）可能性があったのです。

２０１０年、私はこれらの結果をまとめて論文を発表しました。そして、この論文の中で、堆積残留磁化の獲得深度による予測から、松山-ブルン境界の年代が約78万年前ではなく約77万年前となる可能性が高いことを示したのです。この年、前章でも紹介した著名な古地磁気学者のチャネルも、別のアプローチから私と同様に松山-ブルン境界の年代が若くなることを発表しました。彼は、この論文で私のたどり着いた結論を超えて、この当時の放射年代測定の問題点も考慮することで、より具体的に松山-ブルン境界の年代が若くなることを示したのです。

一方で、放射年代測定を専門とする研究者の一部からは、異論が出されます。彼らはそもそも松山-ブルン境界年代はミランコビッチ理論ではなく、溶岩の放射年代から決定すべきであり、その年代値は変わらず約78万年前であると主張したのです。こうして、松山-ブルン境界の年代をめぐって、激しい論争が始まることになりました。

次の章では、この論争の中心となった松山-ブルン境界の年代と、その解決のために私が新たに始めた研究について紹介したいと思います。そして、そこからさらに、松山-ブルン境界年代が解決することで見えてきた新しい地磁気逆転の姿について迫っていきましょう。

column 3

もしも地磁気がなかったら

もし地球に地磁気が存在しなかったら、地球の環境はどのような姿になっていたのでしょうか。太陽系の地球以外の惑星を見ることで、この疑問に答えることができるかもしれません。

まず、太陽系の惑星には「地球型惑星」と「木星型惑星」があります。地球以外の地球型惑星は、水星、金星、そして火星です。最近の観測によって、どうやら水星には若干強めの自発的な磁場が存在するらしいことがわかってきました。しかし、金星や火星には地磁気に匹敵するような大規模な磁場は存在しません。

現在、火星は寒く乾燥して、とても生命が継続的に存在できるような環境ではありません。しかし、近年急激に進歩した火星探査の報告によると、かつて火星には大気も水もあり、そして地磁気に匹敵するような強力な磁場が存在したと考えられています。つまり、かつての火星には、現在の地球に似た環境が存在しており、もしかすると生命が誕生し、進化することができたかもしれないのです。

しかし、火星の磁場は約40億年前には消滅してしまったと推定されています。火星の磁場がない理由については、かつて、火星はそのサイズが小さいために地球に比べて早く冷却し、液体の核が固化してしまったためとされていました。しかし現在では、マーズグローバルサーベイヤー探査機の観測結果などから、むしろ火星の核は、いまだに大部分が融解している可能性が高いとされています。じつは、プレートテクトニクスの存在しない火星では熱の放出が遅く、そのために液体核の対流が弱く、双極子磁場が生成されていないという説が今は有力視されています。

磁場の消滅以降、宇宙空間に張り出すバリアを失った火星は、太陽風に直接さらされることになりました。その結果として、時間の経過とともに火星の大気は剝ぎ取られ、火星表面の液体水も蒸発し、現在のような寒く乾燥した環境になった可能性が指摘されています。

つまり、火星にとって磁場の存在が、温暖・湿潤な環境を維持するためのカギだったのかもしれません。最近、火星周回探査機によって、実際に現在も続く火星大気の放出が確認されており、太陽風が火星の大気を奪った原因であることが支持されています。

一方、火星と同じく大規模な磁場を持たない金星ですが、地球に匹敵するサイズのために重力が大きく、結果として厚い大気が今も残されていると考えられます。しかし最近の研究によって、金星もやはり太陽風によって、大気、とくに水が散逸した可能性が指摘されています。金星は水、すなわち海を失ったことによって、大気中の二酸化炭素が吸収できなくなり、現在のような灼熱の環境になってしまったのかもしれないというのです。

このように、もし地球に地磁気が存在しなかったら、大気もしくは水を失ってしまい、いずれにしろ今日のような地球環境は維持されなかったかもしれません。その場合には、地球に生命は誕生しなかったかもしれませんし、もし誕生したとしても継続的な進化は不可能だった可能性があります。しかし、地球型惑星の大気の進化と地磁気の関係には多くの謎が残されており、ここで紹介した見方も将来まったく否定されてしまうかもしれません。

なお、太陽系には地球以外にも、巨大な磁場をもつ惑星が存在します。木星、土星、天王星、海王星には強力な磁場が存在し、木星の衛星イオにも磁場の存在が確実視されています。そして、木星や土星では、ボイジャーやハッブル宇宙望遠鏡による遠紫外線観測によって、オーロラの発生も観測されています。オーロラは地球だけではなく、木星や土星でも見ることができるのです。

第6章

地磁気逆転の謎は解けるのか

――なぜ起きるのか、次はいつか

極限環境の職場

その職場は標高3810m、最低気温はマイナス80℃、一年間のうち100日は太陽が昇らぬ暗闇（極夜）、そして最寄りの文明圏まで5000kmという極限環境にあります。そこは南極ドームふじ基地。国立極地研究所が管理・運営する南極観測基地で、南極大陸沿岸の昭和基地からも約1000km、雪上車で片道3週間かかる、世界でもっとも遠い〝職場〟の一つです（図6-1）。

南極は南大洋によって他の大陸と隔絶された、寒く、乾燥した、白い大陸です。一年のほとんどの期間を凍った海と雪に閉ざされる南極大陸でも、沿岸ならば夏には雪も融け、ペンギンが繁殖し、ひとときの「極地の夏」を感じることができます。しかし、ひとたび沿岸を離れ、ドームふじ基地を目指せば、そこには夏でも生き物を寄せつけない南極氷床が広がります。

南極氷床に積もった雪は、そのまま融けることなく、やがて徐々に氷へ状態を変化させ、南大洋へと流動を始めます。しかし、ドームふじ基地のような南極氷床中央部の高地では、水平方向に流動することがほとんどないので、数十万年から場所によっては100万年以上もの長い間、南極大陸の上に留まるのです。このため、こういった場所で氷床コアを掘削することができれば、とても長い期間の気候や大気組成の変動、さらには宇宙から地表に舞い降りる物質すらも調

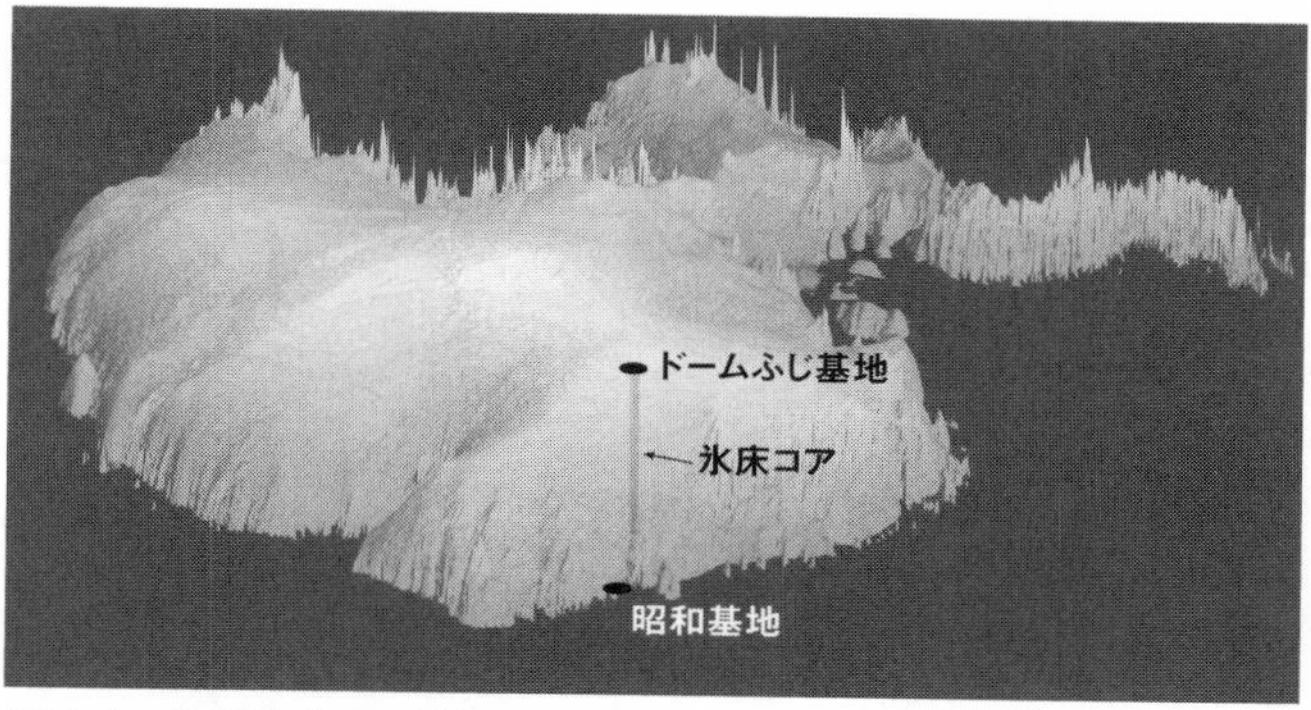

図6-1　南極氷床の全体像
昭和基地とドームふじ基地の位置を示した　〈作図：国立極地研究所奥野淳一博士〉

べることができるのです。

このドームふじ基地で、１９９５年から日本初の南極氷床の深層掘削が始められました。プロジェクトを率いたのは国立極地研究所の渡邉興亜名誉教授や藤井理行名誉教授、本山秀明教授。２回にわたって掘削がおこなわれ、２００７年までに３０３５ｍもの長さの氷床コアの採取に成功したのです。この氷床コアは、ヨーロッパの研究グループが採取したドームＣ氷床コアに次ぐ過去約70万年分の記録を持ち、氷の状態も良いために気候変動の研究などに大きな貢献をしています。また、ベリリウム10などの宇宙線生成核種の研究もおこなわれており、今も新しい研究成果が続々と発表されています。

そうして今、国立極地研究所では新たな氷床コア掘削計画が立ち上がろうとしています。これまで世界のどの研究チームも越えることのできなかった１

00万年の壁を破って、世界最古の氷床コアの掘削を目指しているのです。この氷床コアが掘削されれば、遠い昔の詳細な気候変動の記録に加えて、松山-ブルン境界以前の地磁気逆転の記録も得られるかもしれません。氷床コアの研究によって、地球科学はまた新たなフェーズを迎えようとしているのです。

前章で紹介したように、過去の地球の記録を読み解いていくことで、もっとも最近に起きた地磁気逆転、松山-ブルン境界の年代が修正される可能性が出てきました。地磁気逆転の年代が少々変わったところで、たいした問題ではないと思うかもしれません。しかし、地磁気逆転、とくに松山-ブルン境界は、いくつもある放射年代測定法や、海底堆積物に含まれる化石を使った年代決定など、さまざまな年代測定法の基準、つまり地質年代における重要な「目盛り」の一つとして利用されています。

つまり、この目盛りがずれてしまうと、岩石や地層の年代決定だけでなく、地磁気逆転そのものの研究や地磁気逆転が気候変動や生命の絶滅・進化に与える影響などもよくわからなくなってしまうのです。

この章では、まず、海底堆積物のベリリウム10から示された松山-ブルン境界年代の修正について、氷床コアや、火山灰に含まれるジルコン粒の放射年代測定など、最新の分析によって証明されていく過程を紹介しましょう。そして、その結果から明らかになってきた地磁気逆転の全容も含めて、地磁気逆転に前兆現象はあるのか、そして地磁気が逆転したとき、この地球はどうなってしまうのか、そもそもなぜ地球の磁場は逆転するのか――。地球科学最大の謎ともいえるこのテーマについて、最新の研究成果も紹介しながら迫ってみたいと思います。

地磁気逆転のタイミング

いちばん最近の地磁気逆転はいつ起きたのでしょうか？　前章で紹介したように、海底堆積物のベリリウム10の測定によって、海底堆積物の古地磁気の記録には、「堆積残留磁化の獲得深度」による古地磁気記録の遅れが存在することがわかりました。このため、もっとも最近の地磁気逆転である松山-ブルン境界の年代が、これまで考えられていた78万年前から77万年前へと、1万年ほど若く修正される可能性が出てきたのです。

この堆積残留磁化の獲得深度と松山-ブルン境界年代の問題の解決に一役買ったのが、氷床コアのベリリウム10です。南極氷床からは約80万年前までさかのぼる氷床コアが採取されており、海底堆積物だけでなく、この氷のサンプルからも松山-ブルン境界の年代にアプローチすることができたのです。

２００６年、前章でも紹介したフランスのライズベックは、南極氷床コアから地磁気強度低下

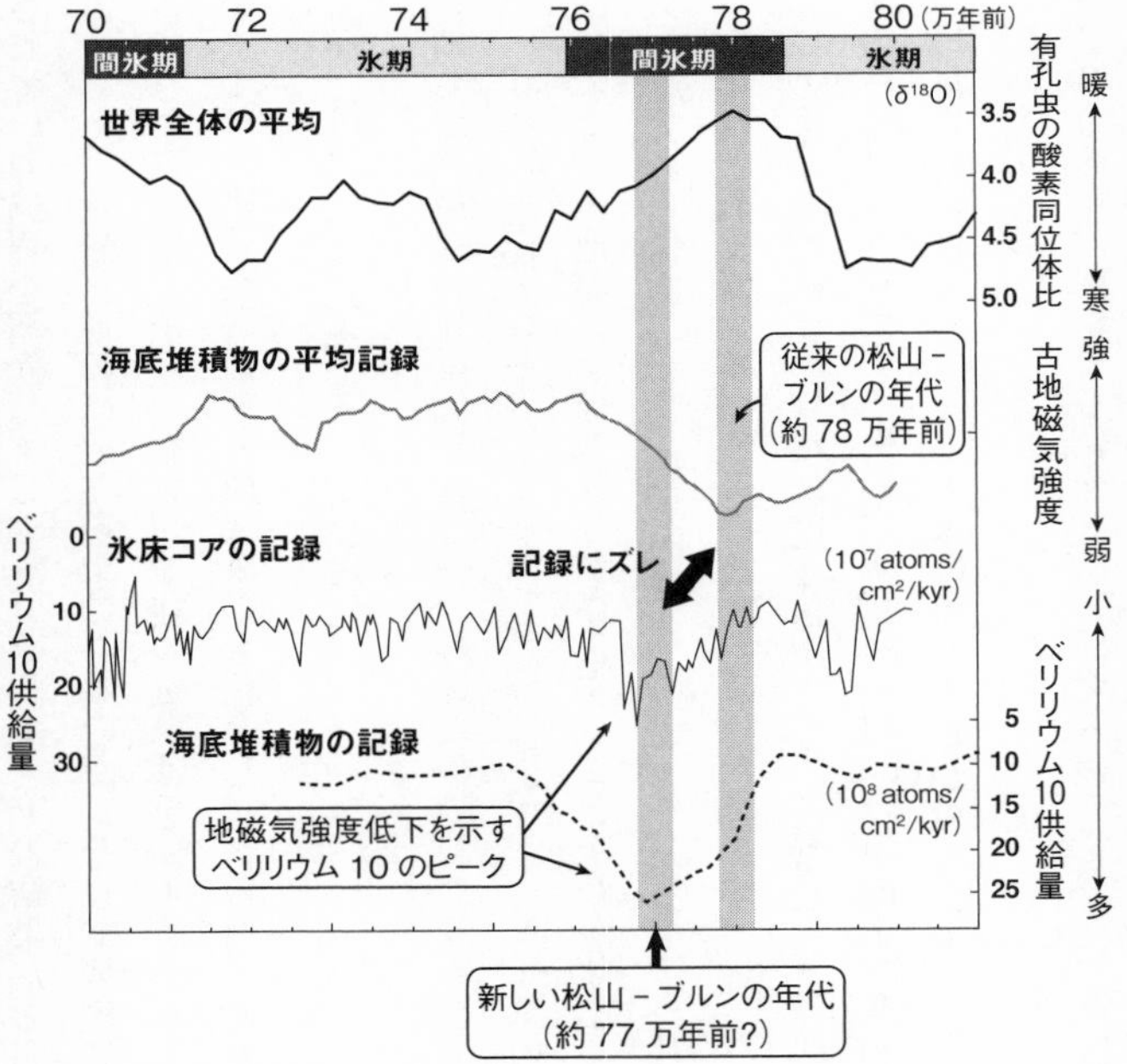

図6-2　南極氷床コアと海底堆積物のベリリウム10の比較
ともに従来の地磁気逆転年代である78万年前ではなく、77万年前にベリリウム10のピークがある　〈Suganuma et al.（2010）より改変〉

に由来するベリリウム10濃度の大きなピークを発見しました。氷床コアから初めて地磁気逆転（松山-ブルン境界）の証拠が見つかったのです。その後、南極氷床コアの年代が、海底堆積物と同様にミランコビッチ理論によって高精度で決定され（*註-）、このベリリウム10ピークの年代が約77万年前であることがわかりました。

　つまり、南極氷床コ

アのベリリウム10の記録も、海底堆積物からの結果と同様に、松山-ブルン境界年代が従来の78万年前から77万年前に修正されることを支持していたのです（図６-２）。

じつは私は、前章で紹介した２０１０年の論文を発表するとき、この南極氷床コアのベリリウム10データの存在を知っていました。私は氷床コアのデータも踏まえることで、「堆積残留磁化の獲得深度」による古地磁気記録の遅れによって、松山-ブルン境界の年代値が若くなることを確信を持って発表できたのです。

ジルコンのウラン-鉛年代測定

松山-ブルン境界の年代は、地磁気逆転を記録した溶岩のアルゴン-アルゴン法などによる放射年代測定からも研究されていましたが、統一的な見解に至っていませんでした（*註２）。一方、海底堆積物や氷床コアの年代も、ミランコビッチ理論という地球の気候変動を介するという意味では間接的な年代決定法で求められており、松山-ブルン境界年代の議論においてはやや決め手を欠いていたのです。

*註１：ミランコビッチサイクルの中でもとくに２万年周期の日射変動に敏感な成分を使う新しい年代決定手法を用いた。

*註２：高精度な放射年代測定には基準となる「標準試料」が必要となりますが、この当時アルゴン-アルゴン法では標準試料の年代についての見解が大きく分かれていたのです。

２０１２年頃、私はこの問題に取り組むべく、新たな研究アプローチを取ることにしました。それは、海底堆積物に含まれる火山灰の放射年代測定です。火山灰の放射年代測定はそれまでもよくおこなわれてきた研究手法です。しかし、このときの私の狙いは、松山‐ブルン境界が詳しく記録されていて、かつミランコビッチ理論にもとづく年代決定が可能な海底堆積物をターゲットとして、火山灰の放射年代測定をすることでした。

つまり、「１つの海底堆積物を使って、ミランコビッチ理論と放射年代測定の両方から松山‐ブルン境界年代の年代を決定し、地質年代の目盛りを統一する」というコンセプトだったのです。そして、この計画のミソは、ジルコンによる「ウラン‐鉛年代測定」という放射年代測定法を採用したことです。

これまでも繰り返し紹介してきたように、地球史を紐解くうえでもっとも重要となるのは「年代」です。放射性同位体には、放射壊変が一定の割合で起きるという特徴があるため、地球史に時間の目盛りを入れるために使われてきました（放射年代測定：97ページ参照）。一般的に、放射年代測定は溶岩など火山活動に由来する岩石に使われますが、火山由来の物質、たとえば火山灰などが風や河川で運ばれて堆積していれば、火山灰の放射年代からその地層の年代も決定できるのです。

さらに、地磁気逆転を示す古地磁気記録の前後に火山灰が見つかれば、その放射年代から、地

図6-3　国立極地研究所の二次イオン質量分析計の写真
サンプルの表面にビーム状のイオン（一次イオン）を照射することで、狙った場所をイオン化（二次イオン）させる。そして飛び出した二次イオンの質量分析から、試料に含まれる元素の存在量や鉛の同位体比を測定する　〈国立極地研究所 二次イオン質量分析ラボラトリーより〉

磁気逆転年代の推定も可能となります。このアプローチは、原理上どうしても間欠的な記録となる溶岩の古地磁気と比べて、より正確に地磁気逆転の年代を決定できる可能性がありました。

しかし、この火山灰を使った放射年代測定には１つ問題が残されていました。通常、溶岩などの放射年代測定は岩石に含まれる同じ種類の鉱物を集めて、一緒に分析することで年代を決定します。しかし、海底に堆積した火山灰の場合は、その運搬経路が複雑なため、ターゲットの火山噴火とは無関係の物質（鉱物）が一緒に取り込まれている可能性があるのです。もしこれらを混ぜて年代測定をしてしまえば、当然ながら正しい年代は得られません。

この問題を解決したのが、ジルコンを使ったウラン-鉛年代測定という方法です。ウラン-鉛年代測定法は、ウラン238とウラン235という放射性同位体が、それぞれ45億年と7億年という半減期で鉛206と鉛207に変化することを利用した年代測定法です。とくに、ジルコンという鉱物はマグマ溜まりなどでマグマが冷える際に結晶化して作られますが、このときにウランが選択的に取り込まれ、鉛は取り込まれにくいという特徴があります。このため、ジルコンの中のウランと鉛の同位体比を測定すれば、ジルコンができた年代を決定できるのです。

国立極地研究所にある二次イオン質量分析計（正式には「高感度高分解能イオンマイクロプローブ」という長い名前の測定器／図6-3）は、火山灰に含まれるような小さなジルコンの粒子でも、一粒ごとにウランと鉛の同位体比の精密測定が可能です。つまり、狙った噴火由来のジルコンのみを使って、火山噴火の年代や海底堆積物の年代を精密に決定できるのです。

ブレークスルーは千葉の地層から

一つの海底堆積物で、地磁気逆転が記録されていて、ミランコビッチ理論にもとづく年代決定が可能であり、さらに火山灰を含む地層があれば、松山-ブルン境界の年代が決まる——このコンセプトは、地質年代の目盛り統一のブレークスルーになる可能性があることがわかりました。しかし、そんな都合の良い地層はどこにあるのでしょうか。じつは、これらの条件を満たす地層を探し出すこと自体、とても難しいことだったのです。

通常、我々が古地磁気の研究をおこなう海底堆積物は、陸から遠く離れた深い海で静々と堆積した泥の地層であり、火山灰は滅多に含まれません。私はこの研究アプローチを思いついて以降、公表されている論文やデータなどをいろいろと探したのですが、なかなか最適の地層は見つかりませんでした。そんな中、意外な場所からチャンスが訪れたのです。

２０１２年５月、私は国内外の地球科学者が一堂に会する日本地球惑星科学連合大会という学会に参加していました。午前中の講演が終わり、会場脇のスペースでお弁当を食べていると、たまたまそこには、日本を代表する火山灰の研究者の方々と、私の学部生時代の指導教員だった茨城大学の岡田誠教授らが集まっていました。私は、これは絶好の機会と思い、それまで温めていた火山灰を使った松山-ブルン境界の年代決定のアイディアを紹介し、アドバイスを求めたのです。

「松山-ブルン境界の前後に火山灰を含む地層なら房総にあるよ」。私の質問に対して真っ先に答えてくれたのは、火山灰の専門家の方々ではなく、古地磁気学を専門とする岡田教授でした。私にとって岡田教授のこの答えは意外なものでした。

そもそも千葉県の房総半島は日本の火山灰研究の中心地であり、当然私も当初から調べていましたが、今回のアイディアに適した火山灰は見つからなかったのです。しかし岡田教授は、房総半島の中央部には、あまり認知されていない「白尾火山灰《びやくび》（＊註３）」と呼ばれる薄い火山灰が松山-ブルン境界のすぐ近くにあることを知っていたのです。また、白尾火山灰のことを知っていたほかの火山灰研究者も、分布の状況などを詳しく教えてくれました。ただし、肝心のジルコンについては、この火山灰にはおそらく含まれないだろうという意見が大勢でした。しかし、私は多めのサンプルから探せば見つかるかもしれないと楽観的に考え、学会の翌週、さっそく岡田教授と房総半島に向かったのです。

岡田教授にとって房総半島は、卒業論文以来すでに30年以上も研究対象としてきた、まさにホームグラウンドです。ただ、このとき目指した市原市柳川という地域は、岡田教授も20年以上は足を踏み入れていない場所でした。我々は、川沿いに藪をかき分け白尾火山灰を目指します。しかし、所々で谷をまたぐように張った糸に進路を阻まれます。ここには地元の方々も訪れることはなく、なんと20年以上前に岡田教授が張った測量用の糸がそのまま残されていたのです。そして、ようやくたどり着いた白尾火山灰は、厚さがわずか1～2㎝と薄いものでしたが（図6-4）、我々は必要量の火山灰を採取することができたのです。

国立極地研究所に持ち帰った白尾火山灰のサンプルは、放射年代測定のスペシャリストである堀江憲路博士と相談のうえ、重液分離という処理をすることにしました。重液とは、その名の通り重い液体です。ジルコンは重いので、重液

---

*註3：その後、信州大学の竹下欣宏博士の研究で、白尾火山灰はかつての御嶽火山の噴火を起源とすることが明らかになりました。

に火山灰を混ぜるとジルコンのみが沈み、重液より軽い他の多くの鉱物は浮くのです。さっそくサンプルを重液分離したところ、数百粒ものジルコンがパラパラと沈みました。白尾火山灰には二次イオン質量分析計を使った放射年代測定に十分な量のジルコンが含まれていたのです。

その後、堀江博士と竹原真美博士のチームが約2年間をかけて、二次イオン質量分析計を使ったジルコンのウラン-鉛年代測定を進めてくれました（図6-5）。彼らは白尾火山灰から取り出

図6-4　千葉セクションで見られる白尾火山灰の写真
市原市柳川ではなく市原市田淵で観察されたもの。サイズがわかるように五円玉と一円玉が置いてある　〈撮影：筆者〉

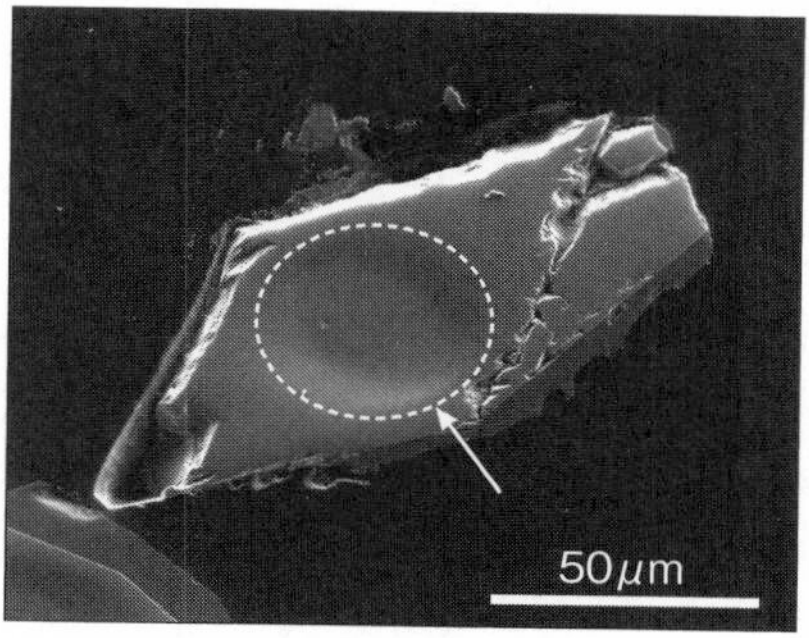

図6-5　ジルコン粒の顕微鏡写真
単結晶ジルコンのウラン-鉛年代測定に使用した。イオンビームの照射で作られた表面の凹部（円形点線部）が確認できる
〈Suganuma et al.（2015）より〉

したジルコンの一粒一粒を使って、高精度のウランと鉛の同位体比測定を丹念に繰り返しました（*註4）。その結果、最終的に白尾火山灰に含まれるジルコンの放射年代が77万2700（±7200）年前であることがわかったのです。

地質年代の「目盛り」を統一する

また我々は、白尾火山灰が含まれる地層に対して、改めて古地磁気を測定することにしました。そもそも、房総半島での古地磁気研究は第3章で紹介した川井直人に始まり、1970年代以降には新妻信明（静岡大学名誉教授）らによって精力的に進められ、この地域の地層には過去の地磁気逆転記録が多く残されていることが明らかになりました。さらに1990年代には、会田信行博士によって、とくに市原市田淵にある養老川沿いの崖（これを「千葉セクション」と呼びます）での白尾火山灰と松山‐ブルン境界の関係が詳しく調べられていました。

しかし、我々は白尾火山灰の放射年代測定の結果を最大限に活かすべく、国立極地研究所にある高精度の磁力計を使って、さらに詳しくこ

*註4：また、同時に海洋研究開発機構の木村純一博士と仙田量子博士（現九州大学）によって、白尾火山灰中の火山ガラスを使って、ジルコンができたときのマグマ組成の推定もおこなわれました。この分析によって、ウランから鉛に変化していく際の中間生成物であるトリウム存在量が推定され、ジルコンの放射年代をより精度良く決定できたのです。

の地域の地層（*註5）を対象に松山－ブルン境界と白尾火山灰の前後関係を調べたのです（カラー口絵 図1、図6－6）。加えて、地層に含まれる有孔虫化石の酸素同位体分析から〈寒冷→温暖→寒冷〉と氷期－間氷期サイクルに対応する気候変動が記録されていることも明らかにしました（図6－6）。つまり、氷期－間氷期サイクルを復元することで、ミランコビッチサイクルを用いた海底堆積物の年代決定が可能となったのです。

この結果、白尾火山灰の放射年代にもとづく松山－ブルン境界の年代は約77万200年前（最新の論文の計算では77万1700年前）、最近のミランコビッチ理論にもとづく年代が最新の論文の結果によると77万2900年前と推定され、両者がほぼ一致することがわかりました。こうして我々は、千葉セクションに注目することで、これまでの研究を上回る精度で松山－ブルン境界年代を決定することができました。そして、私が2010年に指摘した「堆積残留磁化獲得の遅れ」による古地磁気年代の若返りも、これで証明されることになったのです。

その後2019年には、ウィスコンシン大学のブラッド・シンガー（Brad Singer）や熊本大学の望月伸竜博士らのグループが、世界中から採取された地磁気逆転を記録する溶岩サンプルに対して、新たに実用化されたきわめて高精

*註5：このときに対象としたのは、市原市田淵の「千葉セクション」に加えて、地層のつながりから連続的に堆積したことが確実な周辺の地層で、これらをまとめて「千葉複合セクション」と呼びます。詳しくは次章で説明します。

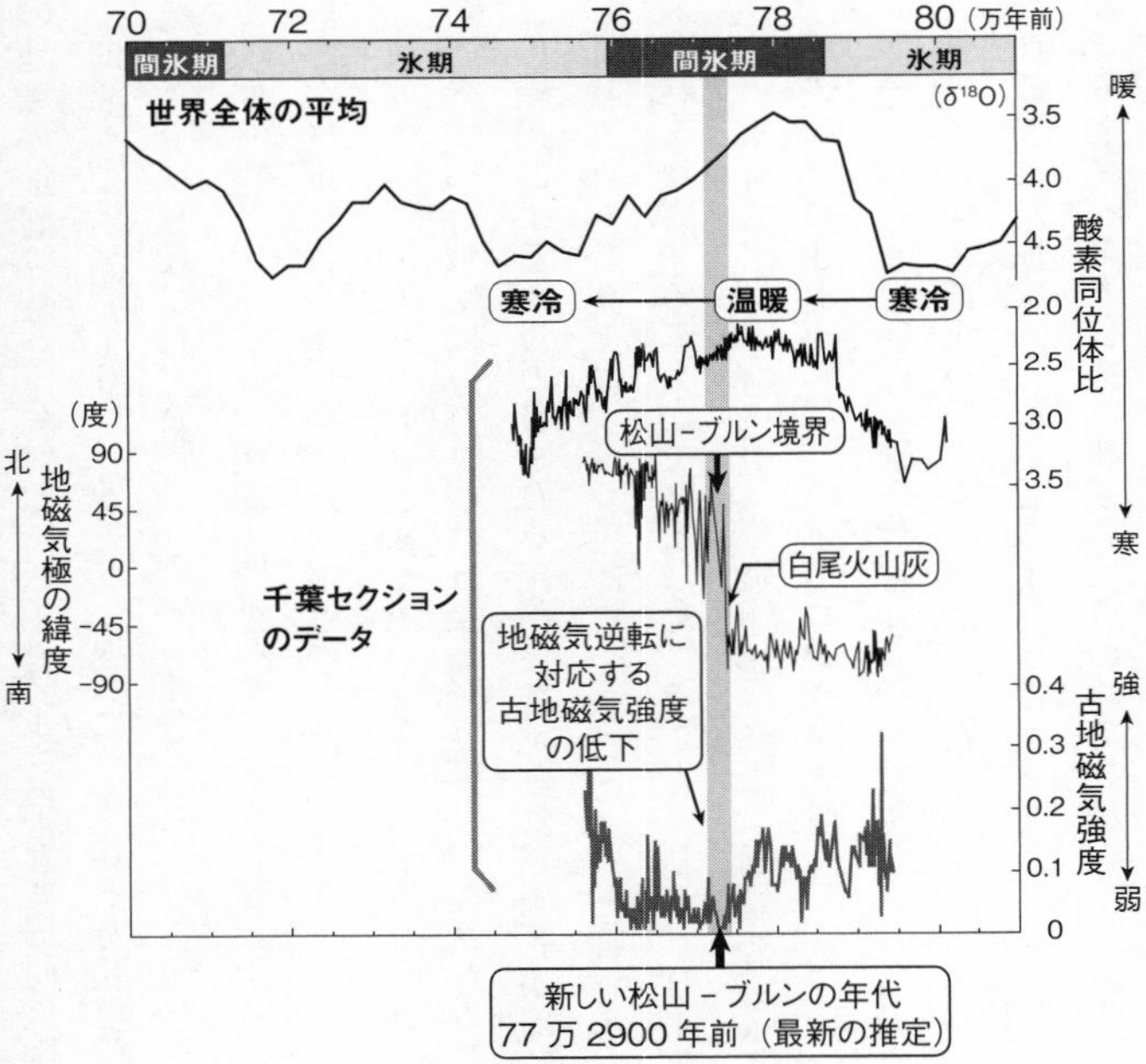

図6-6　松山-ブルン境界を含む古地磁気と気候変動の記録
千葉セクションから復元したもの。海底堆積物中の有孔虫と呼ばれる海洋微化石の酸素同位体比の変動（氷期-間氷期サイクル）とミランコビッチサイクルを対応させることで、海底堆積物の年代を決定した。おもな分析は岡田誠教授や羽田裕貴博士らのチームによって進められた
〈Simon et al.（2019）とHaneda et al.（2020）の最新データをもとに作図〉

度の分析装置を使うことで、アルゴン-アルゴン法からも77万3000年前という松山-ブルン境界年代を報告しました。

この結果は、千葉セクションの年代とも良く一致し、こうして10年以上も続いた松山-ブルン境界年代の論争は、ほぼ決着

が付きました。ついに当初の目的であった、松山-ブルン境界を使って「地質年代の目盛りを統一する」ことができたのです。

これらの千葉セクションでの研究成果は、不思議な巡り合わせでこの後、地質年代「チバニアン」誕生の決め手となっていくことになります。その経緯については、次章で詳しくお話しします。

地磁気逆転の全容――千葉セクションの研究からわかること

さて、ここで地磁気逆転現象そのものに話を戻しましょう。

現代のスーパーコンピュータを使っても、地球ダイナモの完全な再現は成し遂げられていません。そのため、いまだに地磁気逆転のメカニズムの詳細は謎に包まれています。しかし、これまでの研究の進展で、いちばん最近の地磁気逆転である松山-ブルン境界についてはさまざまな情報が集まってきました。そこで、ここでは千葉セクションのデータを中心に、これまでに明らかになった松山-ブルン境界の地磁気逆転の姿を見てみましょう。

図6-7は、千葉セクションから推定した松山-ブルン境界を挟んだ約4万年間の地磁気極の動きと、最近、フランスの研究者と我々の共同研究で発表した千葉セクションのベリリウム10データから推定した地磁気の強さを示しています。

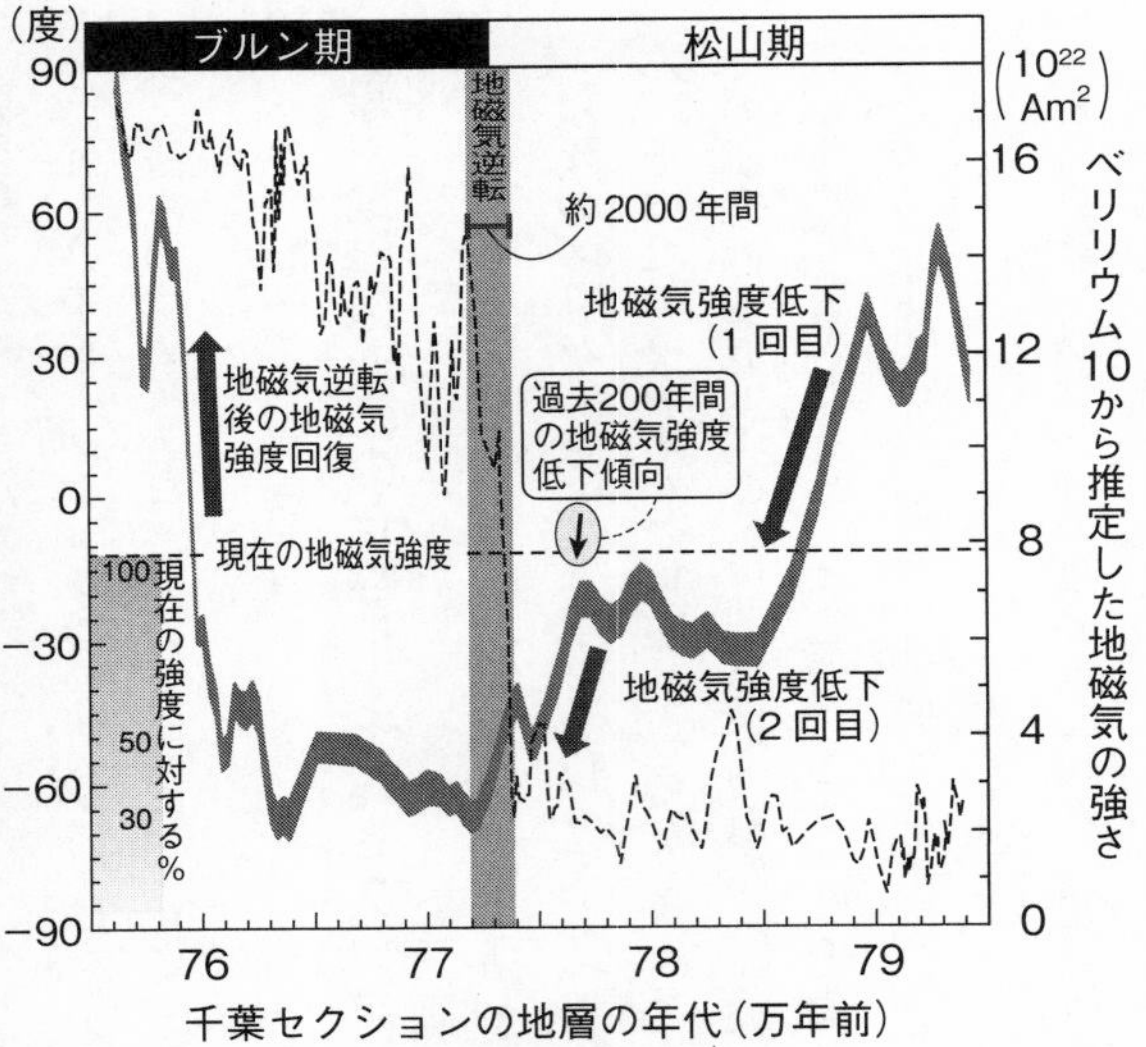

図6-7　千葉セクションから明らかになった松山－ブルン境界の地磁気変動

地磁気強度が段階的に低下したあとに地磁気逆転を迎えることがわかる。過去200年間の地磁気強度の低下傾向を矢印で示した　〈Simon et al.（2019）より改変〉

この結果を見ると、松山－ブルン境界を含めて、地磁気強度が低下する期間全体の長さは約3万年間であることがわかります。まずはじめは、地磁気逆転に向かって、地磁気強度が2度にわたって急激に低下したようです。それぞれ5000年程度の間に地磁気強度がそれまでの半分ぐらいまで落ちたのです。地磁気極は、地磁気強度が弱くなったぶん双極子磁場以外の成分（非双極子成分）が相対的に卓越するためか、それまでより不安定になり、激しく移動しました。しかし、2回目の地磁気強度低下の途中までは地磁気逆転そのものとは言えない状態が続きます。

その後、２回目の地磁気強度低下が進み、地磁気強度が現在の50％程度に近づくと、いよいよ地磁気極の大きな移動が始まります。それまでは南極あたりに位置していた地磁気極が、急速に赤道方向へと移動を始めるのです。ここからのプロセスはとてもダイナミックです。およそ２００年の間に、地磁気極は赤道を通過し、北極へと一気に移動します。まさにこれが松山-ブルン境界の地磁気逆転です。地磁気極がもっとも早く動いているときには、約４００年間に60度以上も移動しました。これは従来の記録よりもかなり高速で、千葉セクションのような分解能の高い地層だからこそ、このような地磁気の急速な変動が明らかになったのです。

一方、松山-ブルン境界の地磁気逆転のあとも、地磁気強度はなかなか復活しません。千葉セクションの記録によると1万年程度は地磁気強度の低い期間が続き、その間は地磁気極の位置も安定しない状態が続きます。最終的に松山-ブルン境界の1万数千年後あたりで地磁気強度は急激に復活し、現在のような安定な地磁気状態に戻ったと考えられます。

これまでに明らかになった千葉セクションの古地磁気記録は、先に紹介したシンガーらによる世界各地の溶岩から報告された古地磁気データや、そのほかの地域の海底堆積物から得られた高分解能の地磁気逆転データなどともよく一致します。地磁気の状態は松山-ブルン境界の２万年ほど前から不安定になり、地磁気極も大きく移動したようなのです。これが現在、世界の多くの研究者が考える松山‐ブルン境界の地磁気逆転の全容と言っても過言ではないでしょう。

ただし、異なる見解もあります。2016年にイタリアの研究グループが、松山‐ブルン境界の地磁気逆転がきわめて短い時間、最短で十数年以内に起きた証拠を発見したと発表したのです。しかし、彼らのデータの信頼性については私を含む多くの研究者が疑問に思っており、また地球ダイナモの特性からもこれほど急速な地磁気逆転は現実的ではないという見方もあって、今のところほとんど受け入れられてはいません。

次の逆転はいつなのか？ 予知はできるのか？

先にも紹介したように、1830年代の観測開始以降、地磁気強度は一貫して弱くなり続けています。もし、この地磁気強度の減少傾向が続けば、約1000〜2000年後には地磁気は消滅してしまうかもしれません。現在のこの傾向は、地磁気が逆転に向かっていることを示しているのでしょうか？ ここでは、松山‐ブルン境界の地磁気逆転の記録からこの疑問にお答えしたいと思います。

前出・熊本大学の望月博士らは、溶岩などの古地磁気データをまとめることで、地磁気強度、地磁気極の緯度、そして地磁気逆転の関係について、図6‐8のような概念図を作っています。このモデルにしたがうと、地磁気強度が現在の値よりさらに低下するとともに、地磁気極がより低緯度側に移動していくとすれば、最終的には「地磁気逆転パス」にのって、逆転モードへと突入していくと考えられます。

一方、地磁気エクスカーションも同じような軌跡を描きますが、完全な地磁気逆転に至らず地磁気極が元の位置に戻ってきたものと考えられます。つまり地磁気エクスカーションは、地磁気逆転の「なり損ない」なのかもしれません。いずれにしろ、地磁気逆転の前兆として、まずは地磁気強度低下、次に地磁気極の移動が大きなカギを握っているようなのです。

したがって、現在の地磁気強度の低下傾向が今後も続き、地磁気極も移動を始めれば、いつかは地磁気逆転もしくは地磁気エクスカーション状態に突入する可能性も十分にあります。

これを確かめるため、現在の地磁気強度の低下傾向を、千葉セクションの松山

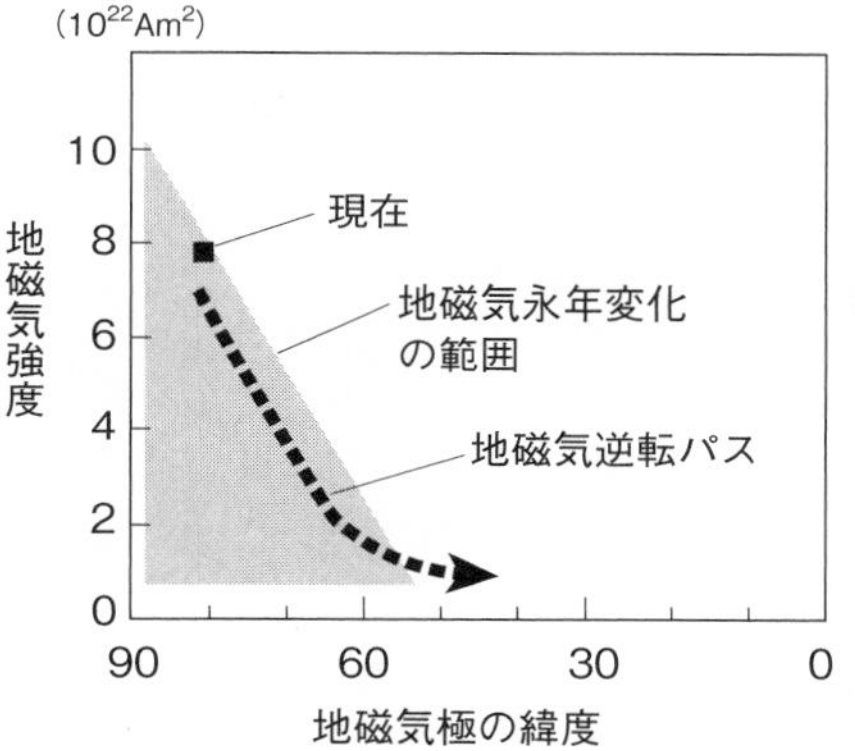

図6-8　松山-ブルン境界の溶岩記録から推定された逆転開始期の特徴

地磁気逆転パス（ライン）に沿うように、地磁気強度の減少と地磁気極の低緯度側への移動が起こり、逆転が始まったと指摘されている

〈望月・綱川（2005）より改変〉

－ブルン境界の記録上にプロットしてみました（196ページ図6－7内の「過去200年間の地磁気強度の低下傾向」の矢印）。じつは、この図を見てわかるように、現在の地磁気の状態は、千葉セクションのデータが示すような地磁気逆転プロセスの中にいるとしても、かなり初期の段階にあることがわかります。もし仮にこのまま地磁気逆転に向かうとしても、地磁気逆転が始まるまでにはまだ最短でも数百年以上はあると考えられます。同様に、第4章で紹介した過去の地磁気エクスカーションを見ても、地磁気極が移動を始めるまでには、地磁気強度が現在の半分程度まで落ちる必要がありそうです。つまり、少なくとも今後数百年は地磁気逆転が始まることはないと言っても良いでしょう。

その一方、地磁気強度の低下傾向については今後注視すべき状況であると思います。先に紹介したように、このまま地磁気強度が低下していくと、やがて地磁気バリアとしての効果が弱くなっていきます。過去の地磁気強度の変動幅を見ると、もしこの先地磁気逆転に向かわないとしても、地磁気強度は現在よりもさらに低下を続ける可能性は十分にあり、今後の動きが心配されます。

逆転するとどうなるのか

地磁気逆転が起きたとき、一体どのようなことが起きるのでしょうか。すでにこれまでもお話ししてきたように、地磁気バリアが弱まれば、現代社会に不可欠なインフラへの影響以外にも、動物たちの行動や、もしかすると生物の進化や絶滅にも影響が出る可能性もあります。

そんな中でも、最近注目されるのが地磁気と気候変動の関係です。最近、立命館大学の北場育子博士らのグループが、大阪湾の地層の花粉分析から松山-ブルン境界などの地磁気強度低下に伴ってこの地域が寒冷化したことを報告し、注目を集めています。ただ、この研究トピックについては、その背景や想定される複雑なメカニズムの説明だけで本が一冊必要になるぐらいの大きな話なので、ここでは千葉セクションに記録された同時期の地磁気逆転と気候変動データからわかることのみを見てみましょう。

図６-９は千葉セクションで推定した古地磁気強度と、同じく千葉セクションの花粉化石から復元した当時の植生と気温のデータを示しています。千葉セクションの花粉化石はおもに関東平野とその周辺の気候変動を表していると考えています。

この図を見ると、そもそも、松山-ブルン境界は間氷期から氷期へと徐々に寒冷化が進む時期にあたりますが、千葉セクションの花粉化石から復元した陸上の植生や気温の変化には、とくに古地磁気強度との関係性は見られません。少なくとも千葉セクションの周辺域では地磁気強度の低下に対応した顕著な寒冷化などの気候変動がなかった可能性が高そうです。

一方、気温の変化をもっと詳しく見ると、じつは松山-ブルン境界にごく近いタイミングで短

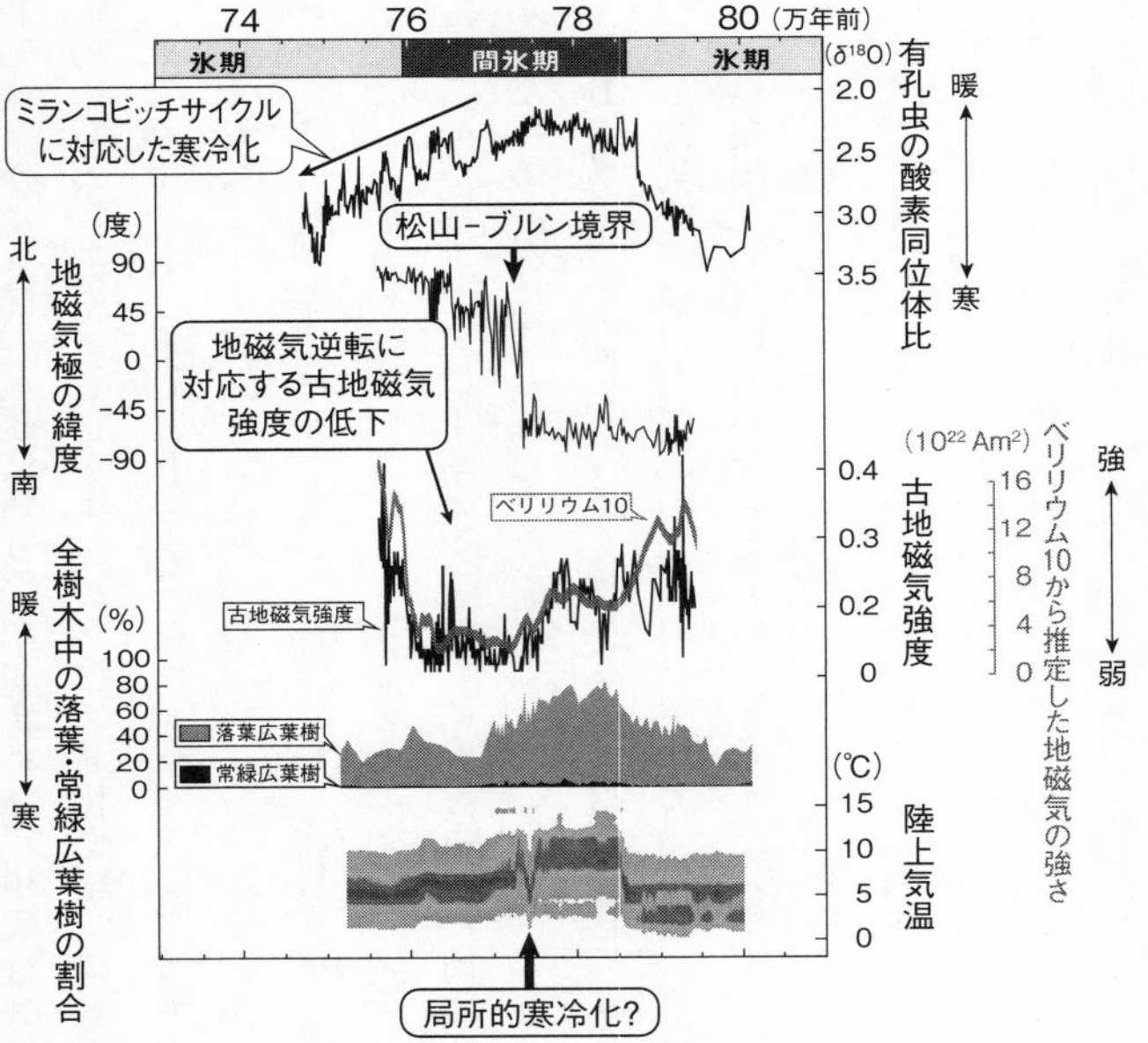

図6-9　地磁気変動と陸上植生と気温の変動

千葉セクションから明らかになった松山−ブルン境界の地磁気変動と気候変動の記録。花粉化石から陸上の植生と気温を復元した　〈Suganuma et al.（2018）などのデータをもとに作図。、花粉化石データを使った気温復元は、千葉県立中央博物館の奥田昌明博士らによる〉

期間の寒冷化イベントがあったことがわかります。千葉セクションの花粉データはまだ分解能が十分でないためにこれ以上の議論は難しいのですが、可能性としては、地磁気逆転時、つまり地磁気極が低〜中緯度を通過するタイミングで局所的な寒冷化が起きた可能性はあるのかもしれません。今後、千葉セクションの花粉化石をもっと詳しく調べることで、いずれこの疑問に答えていくことができると思っています。

地球の磁場は、なぜ逆転するのか？

それでは、そもそもいったいなぜ、地球の磁場は逆転するのでしょうか？

第2章でも紹介したように、地球ダイナモシミュレーションによって、この謎へのアプローチがなされています。現在のシミュレーションでは完全な地磁気の再現はできていませんが、これまでの研究で少なくとも、地球ダイナモは乱流状態の外核の流れが自発的に不安定化することで、地磁気逆転が起きると考えられています。とくに、最近のシミュレーションの研究で注目されているのは、マントルとの境界に近い外核の外側で、ときどき小さな領域で逆向きの磁場を作る流れが発生することです。こういった流れが消えずに成長を続けると、双極子磁場すべてをひっくり返すことがあると考えられています。つまり、地磁気は〝勝手に〟逆転するのです。

また、地磁気逆転の原因として、外核の不安定性だけでなく、外核の外からの影響があり得るという説もあります。マントルと外核の境界にある熱的な不均質は地球ダイナモの重要な要素であるため、この境界の状態が変われば、地磁気逆転が起きる確率が変化するかもしれないのです。第4章でも紹介したように、長い時間スケールでは、スーパークロンのようにマントル下部からのプルーム上昇が逆転の頻度をコントロールしている可能性もあります。

一方で、たとえば隕石衝突などによる地球外からの衝撃も逆転のきっかけとなりうるかもしれません。この「地磁気逆転の隕石衝突起源説」は古くから議論されてきたテーマですが、これまでに明確な証拠が提示されたことはなく、長らく否定されてきました。

しかし最近、松山-ブルン境界の直前にも、隕石衝突イベントがあったことが明らかになったのです。この隕石衝突は長らくクレーターが見つからず、その実態は謎に包まれていました。しかし、2020年にシンガポール南洋理工大学のグループによってクレーターがインドシナ半島で発見され、ついにこの隕石衝突イベントの存在が確認されたのです。

この隕石衝突イベントのタイミングと、千葉セクションの地磁気逆転の記録を比べてみると、興味深い事実が浮かび上がります。この隕石は、地磁気が逆転するタイミングではなく、むしろ一連の地磁気逆転プロセスの始まりである「地磁気強度低下の直前」に落ちたと考えられるのです（図6-10）。この両者の関係は、まさに千葉セクションの高分解能データがあって初めて明らかになりました。

しかし、この隕石衝突イベントの年代には誤差も含まれるため、地磁気逆転との因果関係を解明するためには決め手を欠きます。そこで大きなカギを握るのが、再び千葉セクションです。じつは、隕石衝突の際には「マイクロテクタイト」と呼ばれる小さなガラスの粒が広範囲にまき散

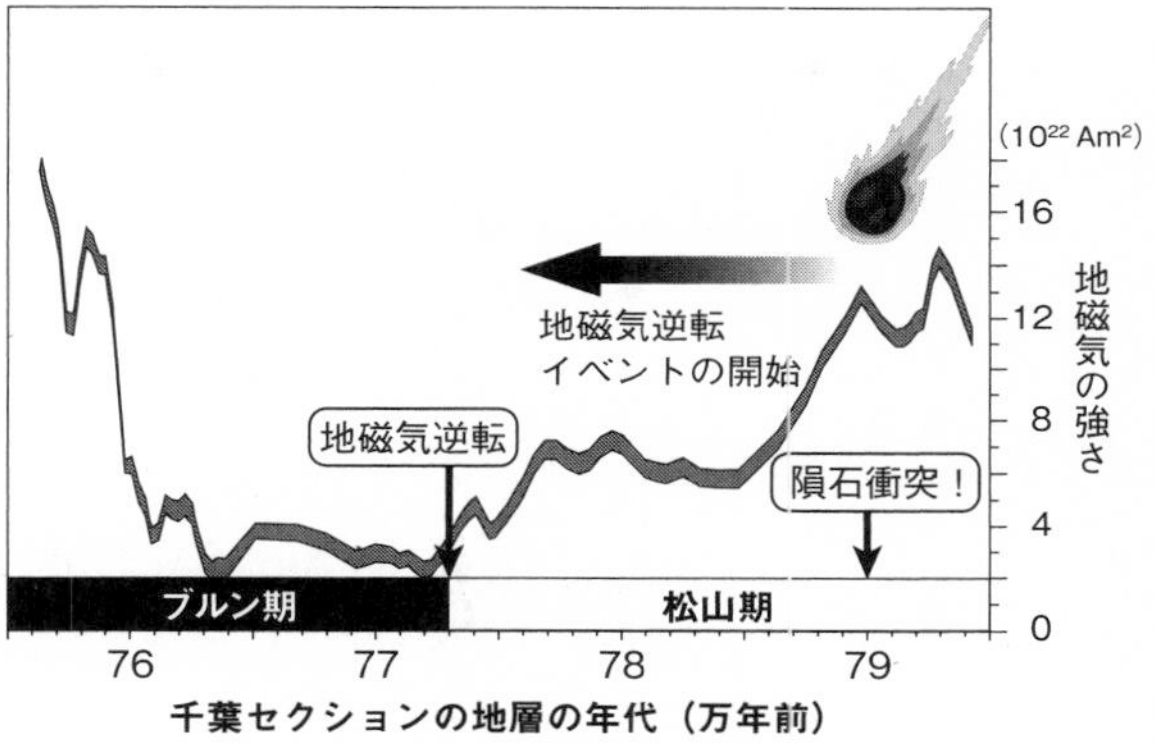

図6-10　千葉セクションの地磁気変動と隕石衝突イベントの年代の関係
地磁気強度の低下に先駆けて、隕石衝突イベントが起きた可能性が高い。ただし、この年代測定には誤差も含まれるため、千葉セクションから直接隕石衝突イベントの証拠が見つかれば、地磁気逆転研究の新たな展開となるかもしれない〈Simon et al.（2019）より改変〉

らされることがわかっています。もし千葉セクションの地層中にもマイクロテクタイトが含まれていれば、千葉セクションの地層から直接この隕石衝突イベントのタイミングを決定できるのです。

現在、すでに千葉セクションの地層中からマイクロテクタイトの探索が始められています。今後、もしマイクロテクタイトが見つかれば、年代の誤差なく、隕石衝突イベントと地磁気逆転の謎に切り込むことができます。この研究アプローチは、地磁気逆転の謎を解く大きなステップへと成長していくかもしれません。

このように、千葉セクションの研究

には、地磁気逆転の年代だけでなく、地磁気逆転の謎を解くカギを含めて、まだいろいろな可能性が眠っているのです。次の第7章では、本書のもう一つの重要テーマである、奇跡的とも言える条件がそろった地層「千葉セクション」と、「チバニアン」誕生の経緯について紹介していきたいと思います。

column 4

考古地磁気学のススメ

本書ではこれまで古地磁気学という研究分野の話を続けてきましたが、ここで突然ですが考古学の話をしたいと思います。ただし、考古学といってもいきなり人類史を紐解くのではなく、考古学と古地磁気学のコラボレーションのお話です。

このコラボ、専門用語では「考古地磁気学」と呼びます。考古地磁気学のターゲットは2つ。考古学的な遺物を使って過去の地磁気を調べること、もう1つは、逆に過去の地磁気情報を使って考古学的な課題、具体的には遺物の年代決定から考古学的な謎に挑むというものです。

そもそも、考古地磁気学が対象とする考古学的な遺物とは具体的に何を指すのでしょうか。第

3、4章でも紹介したように、熱残留磁化は磁鉄鉱などの磁性鉱物を含むものが、キュリー温度以上から冷えたときに記録されます。つまり、溶岩だけでなく、たとえば土器のように人工的に加熱され冷えたものも熱残留磁化を獲得するのです。そのため考古地磁気学は、土器や陶器だけでなく、窯や囲炉裏、さらには火事で焼かれた遺構や壁跡など、かつて加熱されたことがあるものはすべて対象となるのです。

ただし、土器や陶器などは作られたあとに場所を移動していることが普通ですから、これらの熱残留磁化の方位は当時の地磁気情報としては使えません。過去の地磁気の方位を知るためには、加熱後に移動していないことが条件となります。一方、古地磁気強度は移動していても問題ありません。土器や陶器はテリエ法の説明でも紹介した「理想的な磁性鉱物」を含むという点で、むしろ溶岩よりも理想条件に近い良いサンプルであることが多く、古地磁気強度の推定に広く使われています。

このようにして年代のハッキリした考古学的な遺物から地磁気方位や古地磁気強度を推定することで、過去の地磁気の姿やその変化を詳しく調べることができるのです。考古地磁気学には長い歴史がありますが、現在も熊本大学の渋谷秀敏教授や岡山理科大学の畠山唯達教授らが精力的に情報収集と解析を進めて、その結果を公表しています（日本考古地磁気データベース http://mag.center.ous.ac.jp/）。

また、過去の地磁気の変化の復元が進むと、今度は遺物の古地磁気から、その遺物が作られた年代を決めることが可能となります。とくに、他の年代測定法が使えない考古学的な遺物に対しては、考古地磁気を使った年代決定が決め手になることもあり、考古学における重要な年代決定ツールの1つです。また、ここで紹介した以外にも、考古学的な遺物の古地磁気にはさまざまな利用方法が考案されています。さらに、この先もおもしろいアイディアが登場して、地球科学と考古学の両面で新たな発見があるかもしれません。

コラム1〜4では本書の中で取り扱えなかった古地磁気学や関連分野のホットな研究トピックを紹介しました。紹介したトピックに限らず、古地磁気や岩石の磁気などの研究に興味を持たれた方向けに、巻末に古地磁気学・岩石磁気学が研究できる大学・機関（ラボ一覧）を載せました。進学などの参考にしていただければ幸いです。

第7章

地磁気逆転とチバニアン

――その地層が、地球史に名を刻むまで

常識を覆した「チバニアン」誕生

「はじめに」でお話ししたとおり、2020年1月、地質年代名として新たに「チバニアン」が誕生しました。チバニアン認定に向けた審査というのは、正確には「GSSP」の審査です。少しややこしいですが、GSSPとは、地質年代の「境界」を規定するために選ばれる世界で1ヵ所だけの場所のことです。「国際境界模式層断面とポイント（Global Boundary Stratotype Section and Point）」、英語の頭文字を略して「GSSP」と呼びます。

図7-1にあるように、今回の審査は前期更新世と中期更新世の境界のGSSPを決めるものでした。このGSSPとして、イタリアの2地域を含む3つの候補地から千葉セクションが選ばれ、その地名にちなんで中期更新世を「チバニアン（階／期）」と呼ぶことが決まったのです。

じつは当初、前期-中期更新世境界GSSPとして、千葉セクションが認定されることは難しいと考えられていました。それは、恐竜が絶滅した白亜紀末から前期-中期更新世境界までの約6500万年間のGSSPはすべて地中海沿岸地域に置かれており、これまで他の地域の地層がGSSPに選ばれたことがなかったためです。つまり、この時代のGSSPは地中海に置くことが「常識」であり、千葉セクションのGSSP申請はこの常識にも挑むもの、地質学発祥の地であるヨーロッパに対する日本の地質学のチャレンジでもあったのです。

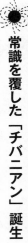

累界/累代	界/代	系/紀	統/世	階/期	（万年前）
					現在
顕生累界/累代	新生界/代	第四系/紀	完新統/世	メガラヤン階/期	← 0.42
				ノースグリッピアン階/期	← 0.82
				グリーンランディアン階/期	← 1.17
			更新統/世	上部更新統/後期更新世	12.9
				チバニアン階/期	← 77.4
				カラブリアン階/期	← 180
				ジェラシアン階/期	← 258

← はGSSPが承認されている地質年代の境界

図7-1　第四紀における地質年代の区分
図中のチバニアン階／期（中期更新世）とカラブリアン階／期（前期更新世）の境界を決める審査がおこなわれていた　〈日本地質学会HPの図より改変〉

　思い起こせば、私がGSSP申請につながる研究をスタートしたのは2012年のことでした。それまでの研究でたどりついた「いちばん最近の地磁気逆転（松山-ブルン境界）の年代が若くなる」という仮説を証明するため、茨城大学の岡田誠教授の協力を得て、千葉県房総半島の地層である千葉セクションの研究を始めたのです。

　この研究は予想以上の成果を上げ、前章で紹介したように松山-ブルン境界が従来の研究より1万年弱若いという仮説の立証に成功しました。そして私たちが報告したこの千葉セクションの地磁気逆転とその年代、そして気候変動の記録は、思いもよらず前期-中

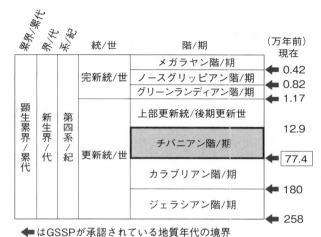

期更新世境界GSSPを決めるうえでもっとも重要なデータであることがわかったのです。

それまで私は地質学者でありながら、GSSPについてはあまり詳しくありませんでした。それが、このような巡り合わせから、その後6年以上にわたり、私の生活は千葉セクションのGSSP申請を中心に回っていくことになったのです。もちろんその当時は、まさかGSSPの申請がこれほど長く、また困難な道のりになるとは思っていませんでした。

2013年、茨城大学の岡田教授をリーダーとした千葉セクションのGSSP申請タスクチーム（以下、タスクチーム）が結成され、私も中心メンバーとしてチームに加わりました。私の任務は、これまでの研究を発展させる形でGSSP申請に必要なデータをそろえて論文を発表すること、そして、それらの研究成果をGSSP提案申請書としてまとめることでした。

当初、順調に始まった「千葉セクションGSSP申請プロジェクト」ですが、決定に至るまでには、予期せぬ多くの問題が起こり、何度も頓挫しかけました。しかし、市原市をはじめとして千葉県、文化庁、文部科学省などの公的機関や地質学・古地磁気学にかかわる多くの研究者や学会、そして地元の方々などのサポートを得て、プロジェクトを継続することができたのです。

ここまで本書では、地磁気のメカニズムから地磁気逆転の謎を紹介してきました。その中でも千葉セクションからは、前章で触れたとおり地磁気逆転の研究においてとても重要なデータが得られています。本章では、このＧＳＳＰ申請から「チバニアン（階／期）」誕生までの経緯と、その中で千葉セクションの地磁気逆転の記録が果たした役割について解説します。そして、最後に千葉セクション研究の今後の展望についても紹介していきましょう。

30年にもわたる挑戦だった

「千葉セクションを前期‐中期更新世境界のＧＳＳＰに」――この壮大なチャレンジは、30年にわたり続いていました。残念ながらこのチャレンジを当初リードした研究者の多くはすでにこの世を去ってしまいました。

チャレンジの始まりは１９９０年。私が参加したタスクチームの結成から20年以上もさかのぼります。それは、国際第四紀学連合のジェラルド・リッチモンド（Gerald. M. Richmond）が大阪市立大学教授だった熊井久雄らに、前期‐中期更新世境界のＧＳＳＰの有力候補として、房総半島の地層「千葉セクション」を検討すると伝えたことが始まりでした（ただし、当時はまだ「千葉セクション」の名称は使われていませんでした）。リッチモンドからの連絡を受け、熊井教授らはさっそく精力的に動き始めます。その結果、１９９１年8月に北京でおこなわれた国際学会で、千葉セクションは前期‐中期更新世境界ＧＳＳＰの候補地の一つに選ばれたのです。

１９９６年には、熊井教授らによって、それまでの千葉セクションの研究成果が研究会報告書としてまとめられました。ただ、この報告書には重要なデータも含まれていましたが、世界中の研究者が閲覧できるものでなく、残念ながら広く認知されることはありませんでした（*註1）。

その後、前期-中期更新世のGSSP候補地は、イタリア南部の「モンタルバーノ・イオニコ」と「ヴァレ・デ・マンケ」の地層、そして日本の「千葉セクション」の3ヵ所に絞られます。ところが、その後10年以上にわたって、GSSPの選定はストップします。今となってはハッキリとした原因はわかりませんが、学術雑誌に千葉セクションの論文が発表されないため、各候補地の比較や検討ができず、審査ができないことが問題であったようです。

その後、GSSPの選定作業が本格的に再開したのは、2013年のことでした。新たに前期・中期更新世GSSPに関する専門委員会の委員長に就任したカナダ・ブロック大学教授のマーチン・ヘッド（Martin J. Head）の主導によって、2013年7月、ポルトガルのリスボンで開かれた国際学会から、GSSP選定が再スタートしたのです。

この時点で、すでにイタリアの2ヵ所の地層は詳しく調査され、学術雑誌にも論文が多数発表されていました。両候補地はGSSPの審査に臨む準備が整っていたのです。しかし、これら2ヵ所の地層には後述する問題点もあり、GSSPとしては決め手を欠く状況でした。このた

---

*註1：このことは、研究成果が世界の研究者に認知されるためには、国際的に認められた学術雑誌に英語で論文を発表することが不可欠であることを改めて物語っています。

め、千葉セクションでも詳しい調査がされ、研究成果が発表されることが期待されていたのです。もちろんこの状況は、イタリアの両候補地から見れば面白くありません。ポルトガルでの学会の際も、イタリア側からは、千葉セクションの研究の遅れでGSSP選定が進まないことは重大な問題だと強い抗議を受けていました。

申請タスクチームの結成

2013年8月、ヘッド教授は、千葉セクションの研究の遅れでGSSP審査が始められない状況を憂慮し、行動に出ます。彼は、日本の関係する研究者に対して、千葉セクションのGSSP提案を実現するために、日本人に限らず専門性の高い研究者を集結させたタスクチームを至急編成し、2015年までにGSSP提案に必要なデータを国際的な学術雑誌に発表するよう求めたのです。

このヘッド教授の強い提言の背景には、彼の千葉セクションへの大きな期待がありました。じつはこのポルトガルの学会において、私と岡田教授のグループが、千葉セクションと周辺の地層から極めて詳細な松山-ブルン境界の地磁気逆転記録とジルコンのウラン-鉛年代、さらにはこの時代の気候変動のデータも報告していたのです。この発表を見たヘッド教授は、我々がタスクチームに参加すれば、千葉セクションのGSSP申請が可能となると考えたのです。

このときまで、千葉セクションのGSSP申請に関係していたのは、熊井教授と、この地域の「ジオパーク認定推進を謳っていた団体」（以後、「団体」とはこの団体のことを指す）のメンバー数名だけであり、前期‐中期更新世境界GSSPに不可欠な地磁気逆転や気候変動といった多様な研究を推進できる研究者がほとんどいなかったのです。ヘッド教授の要請は、こうした背景も踏まえてのことでした。

2013年10月、ヘッド教授の要請を受けて、熊井教授は関係者を集めタスクチーム編成の会議を開きます。そこで、房総半島の地質を長年研究してきた茨城大学の岡田教授を新たなリーダーとして、GSSP申請に不可欠な専門分野から中堅・若手研究者を迎えることで、GSSP申請タスクチームが発足したのです。

また同時に、「団体」メンバーも、おもに地質調査や地元の方々とのコミュニケーションの部分の担当として、ともにGSSP申請を目指すことになりました。しかし、この連携関係はのちに破綻し、この「団体」からの協力は得られなくなってしまいました（*註2）。この「団体」には、千葉セクション地域の地質を地道に調査されていた方もいたのに、このような展開を迎えてしまったことは今も大変残念に思っています。

*註2：この「団体」は、2016年3月にあった馳浩文部科学大臣（当時）の千葉セクション訪問以降に、非協力的になりました。このとき、この「団体」の代表は招待されていなかったのです。

そもそも、GSSPとは？

さて、ここで改めてGSSPについて説明をしたいと思います。

地球上にはかつて恐竜のような巨大生物が闊歩し、海中にもさまざまな生物が繁栄しました。そして、そういった生物たちが巨大隕石の衝突で絶滅に追いやられたり、氷期と呼ばれる寒冷な時代には巨大な氷床が中・低緯度まで張り出すなど、地球のダイナミックな変動の歴史には一言では語れない魅力があります。一方、地球温暖化が進む現代では、将来の気候変動をより精度良く予測するために、過去に起きた気候変動を調べ、その変動メカニズムや影響を知ることが重要となってきています。

このような要請に応え、地球の歴史をより詳しく調べるためには、過去を俯瞰するための基準が必要となります。つまり、地球の歴史の「年表」や「時間の目盛り」があることによって、過去のイベントがいつ、どこで起きたものなのか、そのイベント発生の経緯や原因、他のイベントとの前後関係や空間的な広がりなどが明らかにできるのです。このため、地質学の国際機関である国際地質科学連合は、「国際年代層序表」として地質年代を標準化してまとめたものを公開しています（図7-2）。地球の歴史の研究は日進月歩のため、国際年代層序表も最新の研究成果を反映して随時更新されています。

累界/代	界/代	系/紀	統/世	階/期	GSSP	万年前
顕生（累）界/代	古生界/代	デボン系/紀	上部/後期	ファメニアン	✓	3億5890
				フラニアン	✓	
			中部/中期	ジベティアン	✓	
				アイフェリアン	✓	
			下部/前期	エムシアン	✓	
				プラギアン	✓	
				ロッコヴィアン	✓	4億1920
		シルル系/紀	プリドリ		✓	
			ラドロー	ルドフォーディアン	✓	
				ゴースティアン	✓	
			ウェンロック	ホメリアン	✓	
				シェイウッディアン	✓	
			ランドベリ	テリチアン	✓	
				アエロニアン	✓	
				ラッダニアン	✓	4億4380
		オルドビス系/紀	上部/後期	ヒルナンシアン	✓	
				カティアン	✓	
				サンドビアン	✓	
			中部/中期	ダーリウィリアン	✓	
				ダーピンジアン	✓	
			下部/前期	フロイアン	✓	
				トレマドキアン	✓	4億8540
		カンブリア系/紀	フロンギアン	ステージ10		
				ジャンシャニアン	✓	
				ペイビアン	✓	
				ガズハンジアン	✓	
				ドラミアン	✓	
				ウリューアン	✓	
			シリーズ2	ステージ4		
				ステージ3		
				ステージ2		
				フォーチュニアン	✓	5億4100

累界/時代	累界/代	界/代	系/紀	GSSP	年前
先カンブリア（累）界/時代	原生（累）界/代	新原生界/代	エディアカラン	✓	5.4億
			クライオジェニアン		
			トニアン		10億
		中原生界/代	ステニアン		
			エクタシアン		
			カリミアン		16億
		古原生界/代	スタテリアン		
			オロシリアン		
			リィアキアン		
			シデリアン		25億
	太古（累）界/代（始生（累）界/代）	新太古界/代（新始生界/代）			
		中太古界/代（中始生界/代）			
		古太古界/代（古始生界/代）			
		原太古界/代（原始生界/代）			40億
	冥王界/代				～46億

図 7-2　地質年代表

※国際地質科学連合が発表した国際年代層序表に基づく
※表中の（GSSP記号）の記号は、GSSPが決定している年代を示す。2020年1月、第四紀の前期-中期更新世境界のGSSPが決定し、中期更新世が「チバニアン（階/期）」と命名された
※なお、「累代、代、紀、世、期」と「累界、界、系、統、階」は、それぞれ地質年代の区分と、各時代に対応した地層の区分を示す
〈日本地質学会HPより改変〉

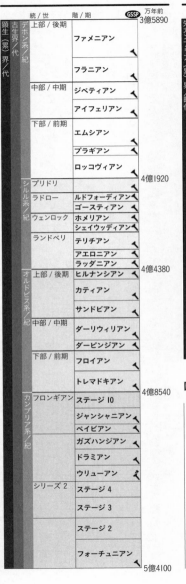

累界/代	界/代	系/紀	統/世	階/期	万年前
顕生(累)界/代	新生界/代	第四系/紀	完新統/世	メガラヤン	現在
				ノースグリッピアン	0.42
				グリーンランディアン	0.82
			更新統/世	上部	1.17
				チバニアン(2020年1月認定)	12.9
				カラブリアン	77.4
				ジェラシアン	
		新第三系/紀	鮮新統/世	ピアセンジアン	
				ザンクリアン	
			中新統/世	メッシニアン	
				トートニアン	725
				サーラバリアン	1163
				ランギアン	1382
				バーディガリアン	1597
				アキタニアン	2044
		古第三系/紀	漸新統/世	チャッティアン	2303
				ルペリアン	
			始新統/世	プリアボニアン	
				バートニアン	
				ルテシアン	
				ヤプレシアン	
			暁新統/世	サネティアン	
				セランディアン	
				ダニアン	
	中生界/代	白亜系/紀	上部/後期	マーストリヒチアン	6600
				カンパニアン	
				サントニアン	
				コニアシアン	
				チューロニアン	
				セノマニアン	
			下部/前期	アルビアン	1億50
				アプチアン	
				バレミアン	
				オーテリビアン	
				バランギニアン	
				ベリアシアン	
					~1億4500

累界/代	界/代	系/紀	統/世	階/期	万年前
顕生(累)界/代	中生界/代	ジュラ系/紀	上部/後期	チトニアン	~1億4500
				キンメリッジアン	
				オックスフォーディアン	
			中部/中期	カロビアン	
				バトニアン	
				バッジョシアン	
				アーレニアン	
			下部/前期	トアルシアン	
				プリンスバッキアン	
				シネムーリアン	
				ヘッタンギアン	
		三畳系/紀	上部/後期	レーティアン	2億130
				ノーリアン	
				カーニアン	
			中部/中期	ラディニアン	
				アニシアン	
			下部/前期	オレネキアン	
				インドゥアン	
	古生界/代	ペルム系/紀	ローピンジアン	チャンシンジアン	2億5190
				ウーチャーピンジアン	
			グアダルピアン	キャピタニアン	
				ウォーディアン	
				ローディアン	
			シスウラリアン	クングーリアン	
				アーティンスキアン	
				サクマーリアン	
				アッセリアン	
		石炭系/紀 ペンシルバニアン亜系/紀	上部/後期	グゼリアン	2億9890
				カシモビアン	
			中部/中期	モスコビアン	
			下部/前期	バシキーリアン	
		石炭系/紀 ミシシッピアン亜系/紀	上部/後期	サープコビアン	
			中部/中期	ビゼーアン	
			下部/前期	トルネーシアン	
					3億5890

やや専門的になりますが、地質年代は、大きな区分から代、紀、世、期に区分されています。一般によく知られる古生代や中生代は「代」の区分、またジュラ紀や白亜紀は「紀」の区分に相当します。そしてこの区分に従うと、現在我々が生きている時代は、新生代／第四紀／完新世／メガラヤン期となるのです（ちなみに現在、我々現代人類が生きる地質時代として新たに「人類世」の提案が検討されています）。そして、このいちばん細かい期（階）の区分の下限（それより古い期／階との境界）について、世界中からこの境界を代表する地層を1つ選びます。

1977年以降、国際地質科学連合は全部で116個（2020年2月現在）ある地質年代境界のうち、化石が産出し、境界の認定が可能なエディアカラン紀以降の103個について、GSSPの認定作業を続けています。しかし、いまだに境界の定義の議論が続いているものや、最適な候補地が見つからないなどの事情で認定に至っていないGSSPも残されています。今回新たにGSSPに認定された前期‐中期更新世境界も、こういったなかなか決まらないGSSPの一つだったのです。

さて、GSSPはどのような基準で認定するのでしょうか。国際地質科学連合の中の国際層序委員会は、GSSPを決めるためのおもな基準を次のように定めています。

・連続的かつ堆積速度の大きな海成層が、十分な層厚を持って露出していること

・安定した環境で堆積し、層相の変化が著しくないこと、またテクトニックな変形、変成作用や強い続成作用を被っていないこと
・豊富で多種の保存の良い微化石を産出し、長期的な微化石層序比較が可能であること
・古地磁気層序や全球的なイベント（あるいは変動）を示す安定同位体比変動などの化学層序が確立していること
・放射年代値の報告があること
・古地理やそれに関係した層相について明らかにされていること

専門的な言葉ばかりで、このままではよくわからない方が多いと思います。そこで思いきってもっと簡単にＧＳＳＰの基準をまとめると、**〈海底で堆積した地層が現在は地上に露出していて、断層による変形や岩石の変質などが著しくなく、化石や地磁気逆転の痕跡などが保存され、年代がハッキリとわかること〉**となります。また、ＧＳＳＰのおもしろいところは、「国籍などを問わず誰でもアクセスが可能であること」、そして「研究の自由と地層の保存が確約されていること」という条件がついていることです。これは、ＧＳＳＰが人類全体の資産であり、後世の人間を含めたすべての人類のために定めるものであるという理念からきているものと思います。

一方、このＧＳＳＰ共通の条件に加えて、前期‐中期更新世境界を決めるための特別な条件も

ありました。それは、次の2つです。

・いちばん最近の地磁気逆転である「松山-ブルン境界」が記録されていること

・松山-ブルン境界を挟んで、氷期-間氷期-氷期と連続的な気候変動が詳しく記録されていること

前期-中期更新世の境界には生物の絶滅や隕石衝突などの地球全体で同時に起きた証拠があるような明瞭なイベントはありません。そのため、地球の歴史にとって大切な時間の目盛りである「松山-ブルン境界」が、この地質年代境界の条件として最重要視されたのです。

海底の地層が地上で見られる場所

さて、本書で何度も登場してきた千葉セクションは、千葉県房総半島の中央部を流れる養老川沿いに露出する地層です（カラー口絵 図1参照）。後述しますが、専門的には周辺の河川や崖で観察される地層とあわせて、「千葉複合セクション」と呼んでいます。房総半島には、「上総層群」と呼ばれる約240万年前から45万年前の海底で堆積した地層が分布することが知られています（図7-3）。

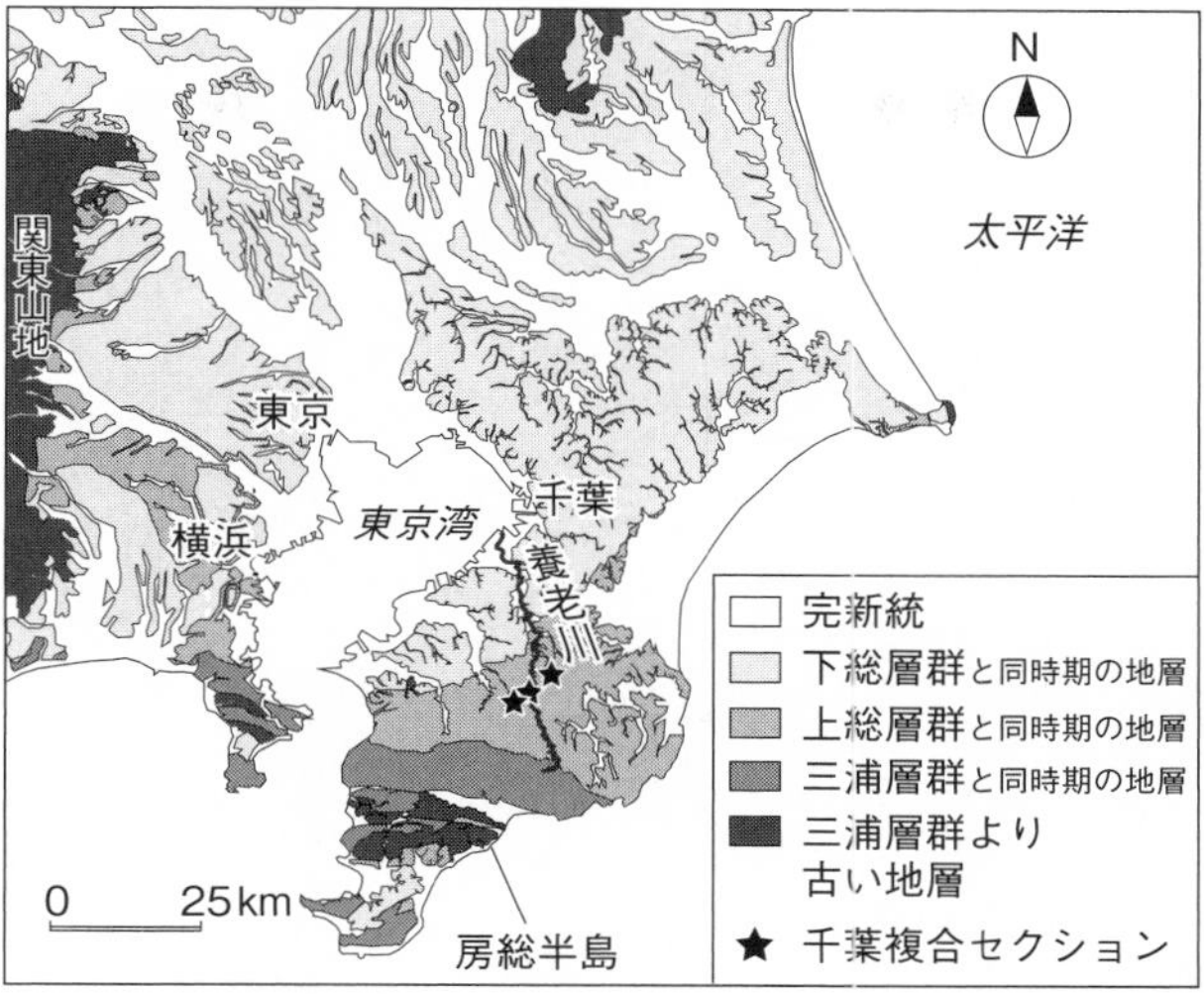

図７-３　関東平野の地質と千葉複合セクション
星印が、千葉県市原市にある千葉複合セクションの場所。「千葉セクション」は、小湊鉄道「月崎《つきざき》」駅から徒歩30分ほどの場所にある
〈Suganuma et al.（2018）より改変〉

千葉セクションはこの上総層群のほぼ真ん中ぐらい、約80万年から75万年前頃の地層です。じつは上総層群のように、数百万年前以降に海底で堆積した「比較的新しい」地層を陸上で観察できる場所は、とても珍しいのです。それは、海底で堆積した地層が、地質学的には比較的短い時間で海面上に現れるまで、猛スピードで隆起しなくてはならないためです。

つまり、上総層群のような地層が陸上にあるということは、この地域の地殻変動が非常に活発であることを示しているのです。

明治初期に地質学が欧米から導

入されて以後、日本各地で地質調査がおこなわれるようになりました。その中で、上総層群の研究もかなり早い時期に始められています。すでに1940〜1950年代には、上総層群の基本的な分布、上下（新旧）関係、そして横へのつながりが明らかにされました。さらに1980年代以降には、プレートテクトニクスの導入によって、房総半島の隆起過程の研究とあわせて、上総層群の成り立ちも明らかにされてきています。千葉セクションのGSSP申請は、このように長い研究の歴史によって培われた基盤があって、初めて可能となったのです。

ところで、千葉セクションに限らず、とくに植生が発達した日本列島において、1ヵ所で連続する地層をすべて観察することは困難です。そのため、通常は河川などに沿って崖を観察すると同時に、その周囲の河床や崖など、地層が観察できる場所を可能な限り探し、地層の特徴や、火山灰の有無などを記録した「柱状図」という図を作ります。さらに、複数の地点（セクション）から得られた柱状図を持ちよることで、「複合セクション」と「総合柱状図」を作成し、連続的な一つの地層として表すのです（図7-4）。

このように、離れた場所の地層を対比して、同時期の地層の積み重なりを調べることは地質学の基本であり、前期-中期更新世境界GSSP申請のもととなった「千葉複合セクション」も、その中心となる千葉セクションのほかに、周辺の河川や崖などで確認される地層を統合したもの

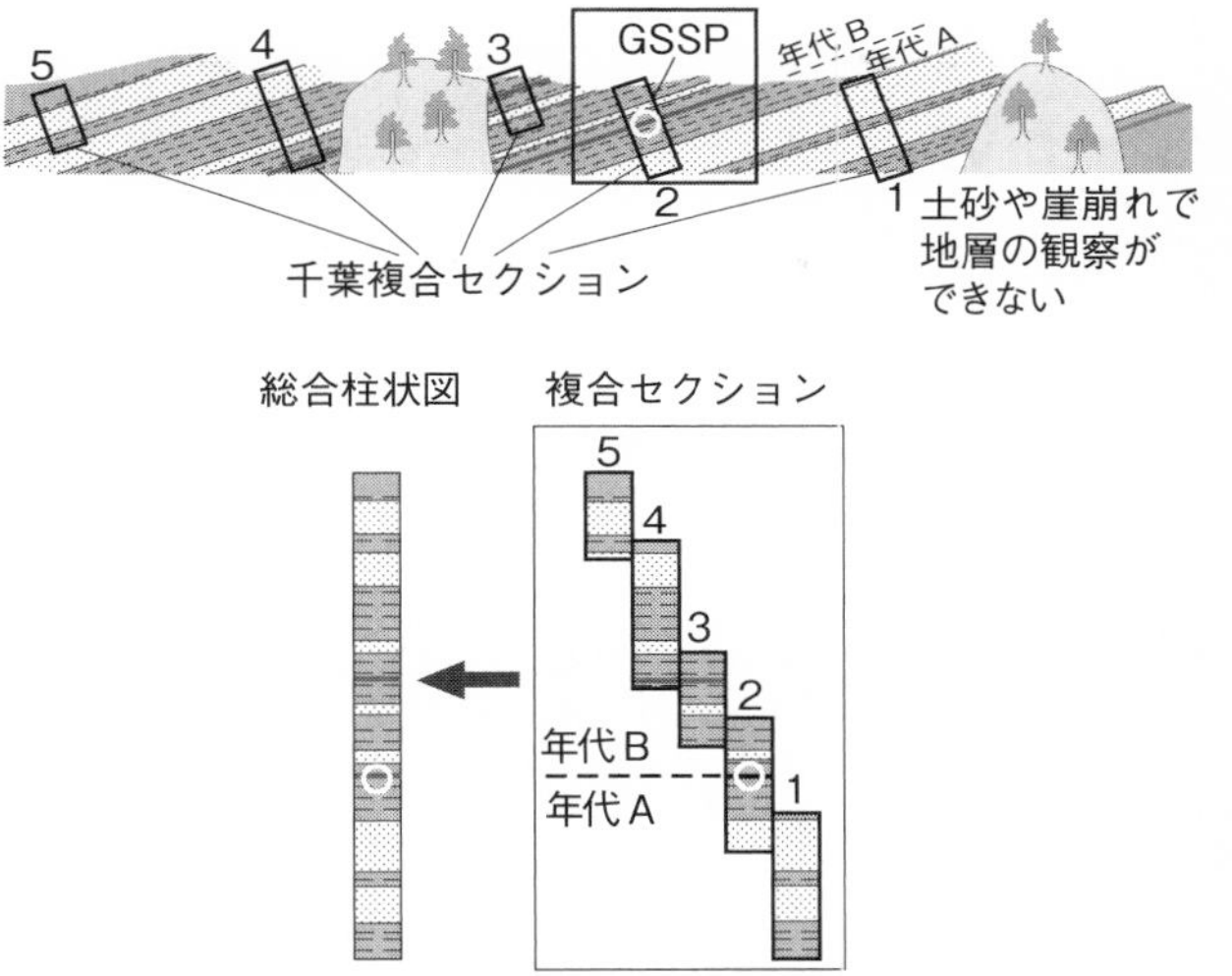

図7-4　千葉セクションと千葉複合セクションの関係の概念図
離れた場所の地層（複合セクション）から総合柱状図を作る　〈日本地質学会HPの図より改変〉

なのです。

一方、GSSPとは地層中の1点を境界として定義するものです。そこで今回のGSSP申請では、千葉複合セクションの中心である千葉セクションを「模式層断面」、さらに地層中に確認できる白尾火山灰の下面を「チバニアン（階／期）」のGSSPを置く「ポイント」として提案しています（図7-4）。

奇跡的に条件がそろっていた「千葉セクション」

千葉セクションがGSSPに選ばれた理由は、千葉セクションがこの時代を代表する地層として、優れた特徴を持つからです。

そもそも沿岸から離れた深い海で堆積した地層は、細かな粒子が海中をゆっくり降り積もる安定した環境で作られるため、台風や洪水など局所的な影響をあまり受けず、地球全体の気候変動や地磁気変動の記録が乱れず残されているという特徴があります。しかし、こうした地層には欠点もあります。それは、このタイプの地層はとてもゆっくりと堆積するために、急激な変動が記録されにくいという問題です。もし地層が堆積するスピード（堆積速度）よりも短い期間に気候変動や地磁気逆転などのイベントが起きた場合には、そのシグナルが検出できないか、もしくは平均化されてしまって事実を十分に反映しないデータとなってしまうのです。

こういった問題を避けるために有効な方法は、なるべく堆積速度の大きな地層をターゲットとすることです。しかし、堆積速度の大きな地層は、それだけたくさんの堆積物粒子が短い時間に供給されるということであり、微化石（海洋微生物の殻などの化石）を含まない砂がちの地層になったり、局所的なシグナルのみを反映した地層になったりしがちで、気候変動や地磁気逆転の研究に適さないことが多いのです。つまり、過去のイベントを精度良く詳細に研究するためには、地層の堆積速度と質のバランスがとても大切であり、そのバランスが絶妙に取れているのが千葉セクションのもっとも重要な特徴なのです。

このような千葉セクションの特徴は、地磁気逆転だけでなく、もちろん気候変動の研究にも大

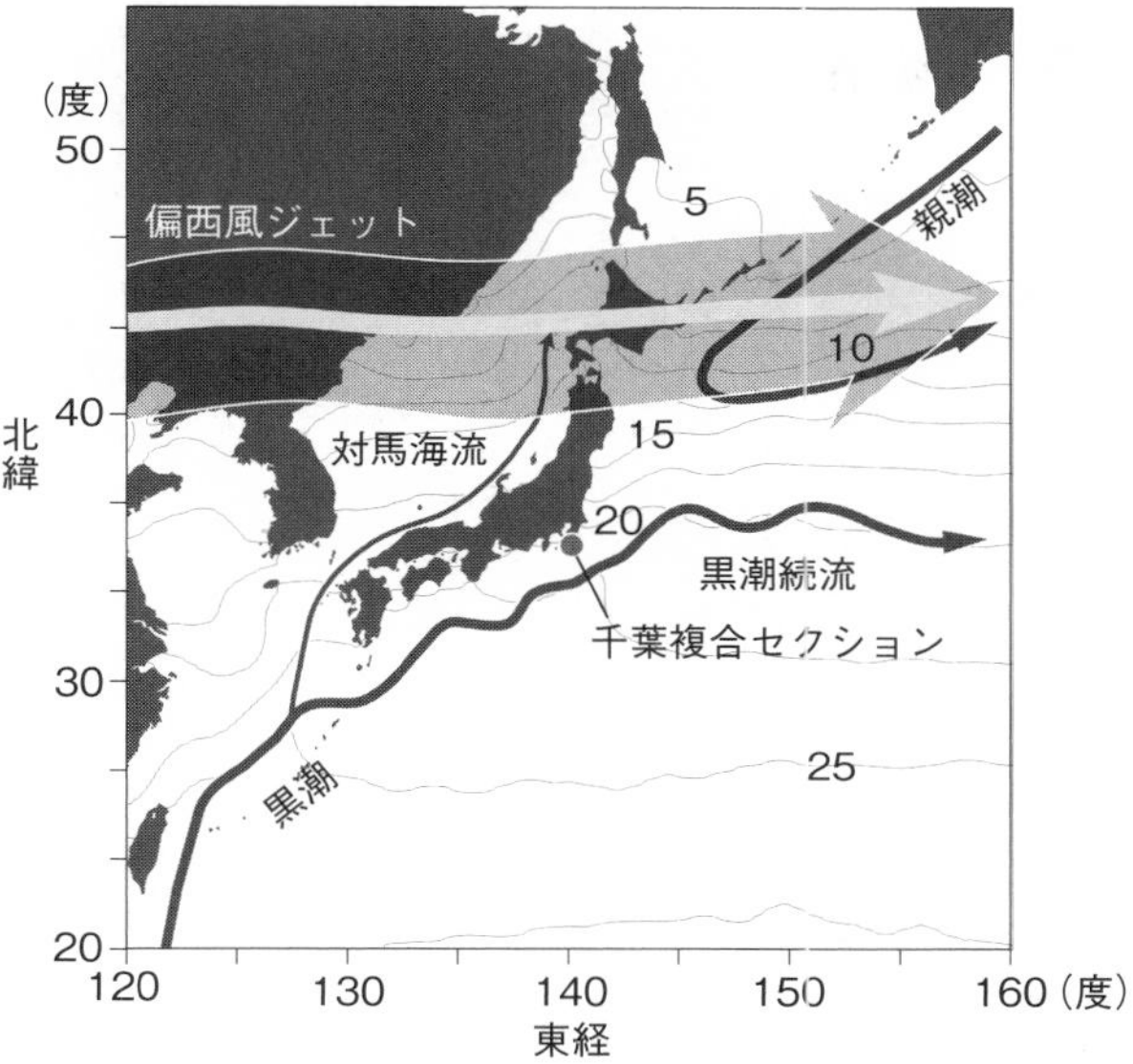

図7-5　日本周辺の気候・海洋環境の模式図
千葉セクションが堆積した頃、間氷期には黒潮が房総半島まで達していたため、水温が高く維持されていたと考えられる。氷期になると、シベリア高気圧とアリューシャン低気圧が発達し、偏西風ジェットが南下することによって、親潮が現在よりも南に張り出していた可能性が高い。図中の数字は水温（℃）を示す　〈Haneda et al.（2020）より改変〉

きなメリットとなりました。そもそも、房総半島は日本列島から太平洋に向かって飛び出したような形をしているため、千葉セクションは、日本列島の東側で衝突している北方起源の親潮と南方起源の黒潮が作り出す「黒潮-親潮混合水域」と呼ばれる海域に面した場所で堆積した地層です。このため、千葉セクションに含まれる多種の微化石を調べることで、地球最大の海洋である太平洋の変動を知ることができるのです（図7-5）。

一方、日本列島は南北に長く、標高差も大きいためとても多様な植生を有します。たとえば、房総半島や関東平野のおもな植生は常緑広葉樹林であるのに対して、関東平野の周囲には落葉広葉樹林が広がり、その周辺の山岳域には針葉樹林および高山植生があります。そして、こういった植生は気候変動に伴ってダイナミックに変化します。したがって、千葉セクションに含まれる花粉化石の変化を追うことで、当時の植生変化、つまり陸上の気候変動の復元も可能なのです。

このように、千葉セクションは前章で紹介したように地磁気逆転の記録だけでなく、気候変動の研究にもたいへん適した地層です。さらに千葉セクション中には白尾火山灰以外にも多くの火山灰が含まれることから、将来的には放射年代測定から地層の年代をもっと詳しく調べることも可能です。そもそも、千葉セクションが前期-中期更新世境界GSSPに選定されたのは、地質学的にはわずか100万年前以降に堆積した海底の地層が陸上に存在するということだけでなく、火山噴火の多い日本列島にあること、そして地磁気逆転や気候変動を調べるうえでの条件が奇跡的にそろっていたからなのです。

2度の審査延期と、悩まされた「ある問題」

それでは話を千葉セクションのGSSP申請に戻しましょう。2015年の夏、名古屋で国際学会が開催され、各ＧＳＳＰ候補地の関係者が集まりました。我々は、この学会に先駆けて、過去に上総層群や千葉セクションでおこなわれた研究をまとめた論文（*註3）を発表しました。さらに、前章で紹介した白尾火山灰のジルコンのウラン－鉛年代測定にもとづく松山－ブルン境界年代の論文も、この年の５月に発表していたのです。したがって、この学会は、こうした千葉セクションの新しいデータを紹介する絶好の機会となりました。

学会では、イタリアの両候補地の発表もありましたが、２０１３年からのわずか2年間で世界レベルまで積み上げた千葉セクションの研究発表は、関係者に大きな驚きを与えました。結果として、この千葉セクション研究の躍進に危機感を抱いたモンタルバーノ・イオニコ側の希望によって、ＧＳＳＰ審査開始は1年延期されることになったのです。後述のように地磁気逆転の記録がないという欠点を抱えていたモンタルバーノ・イオニコは、地磁気逆転のタイミングを調べるために、地磁気逆転時の地磁気強度低下を示すベリリウム10データの取得にチャレンジすることにしたのです。

また、その1年後にはヴァレ・デ・マンケ側からも審査延期の申し出があり、さらにもう1年審査開始が遅れることとなりました。結果的にはこの2年間の審査開始の延期によって、イ

*註3：しかし、この論文を執筆した際、共著者であった「団体」メンバーから、プレートテクトニクスに関する記述の削除を要求されました。彼らはこの時点でもプレートテクトニクスの概念が誤りであると考えていたのです。

タリア側も含めて各候補地で気候変動や、ベリリウム10のデータが追加され、より高いレベルでのGSSP審査につながったのです。

じつはこのとき、もう一つ後々に問題となる出来事がありました。名古屋での学会後に、「団体」に協力して実施した希望者向けの現地案内で、古地磁気サンプルの採取地点に関する説明不足があったのです。千葉複合セクションの各地で採取したサンプルについて、我々は採取地点を詳しく説明せずに千葉セクションの崖のデータと誤解されるような紹介をしてしまいました。先に紹介したように、この時点ですでにサンプル採取地点も含めて研究内容を詳しく記載した論文が出版されていたのですが、このときの参加者には現地で説明が十分にできませんでした。

この現地案内時の説明不足については、のちに出版された学会のニュースレターや国際会議の場においてチームリーダーの岡田教授が繰り返し説明をおこなっており、参加者を含めて国内外の研究者より苦情が来たことは一度もありません。しかし、この説明不足はその後、突如として始まった「団体」によるGSSP申請への抗議活動の中で問題化されることになったのです。

じつは2016年頃からこの「団体」は「千葉セクションのある市原市田淵の方々は、GSSP申請プロジェクトの研究活動に強く反対している」として、我々の現地調査をストップさせるようになりました。しかし、その後我々が千葉県や市原市、そして田淵町会の方々と直接コミュニケーションを取ると、このような反対運動の事実はないことがわかります。むしろ地元の方々は千葉セクションのGSSP申請に大きな期待を寄せていたのです。こうして、地元の了解を得て、我々が現地調査を再開した直後、この「団体」はさまざまな抗議活動を開始したのです。この問題の顚末などについては、また別の機会に記録に残したいと思っていますが、これらの出来事を通して、普段の研究活動と異なり、世間的にも注目されるプロジェクトを進める難しさを思い知らされることとなりました。

そして、大一番に挑む

2017年6月、イタリア側の要請によって2度延期されたGSSPの審査がついに開始されることになりました。それまでの研究成果をまとめたGSSP提案書を国際地質科学連合内の専門委員会に提出するのです。審査は全部で4段階あり、より細かな専門分野・地質時代の専門家による審査に始まり、徐々に地質学全般を専門とする委員の審査に進むという形です。その中でも、とくに最初の審査である「前期-中期更新世境界GSSP選定作業部会」では、いきなりGSSP候補地を1ヵ所に絞り込むことになっていました（図7-6）。事実上、この最初の審査が千葉セクションのGSSP認定をかけた大一番だったのです。

その頃、タスクチームには、地質学者だけでなく氷床コアや気候モデルの研究者も加わり、当初の10名弱から、30名以上もの専門家が集まる大プロジェクトに成長していました。メンバーは

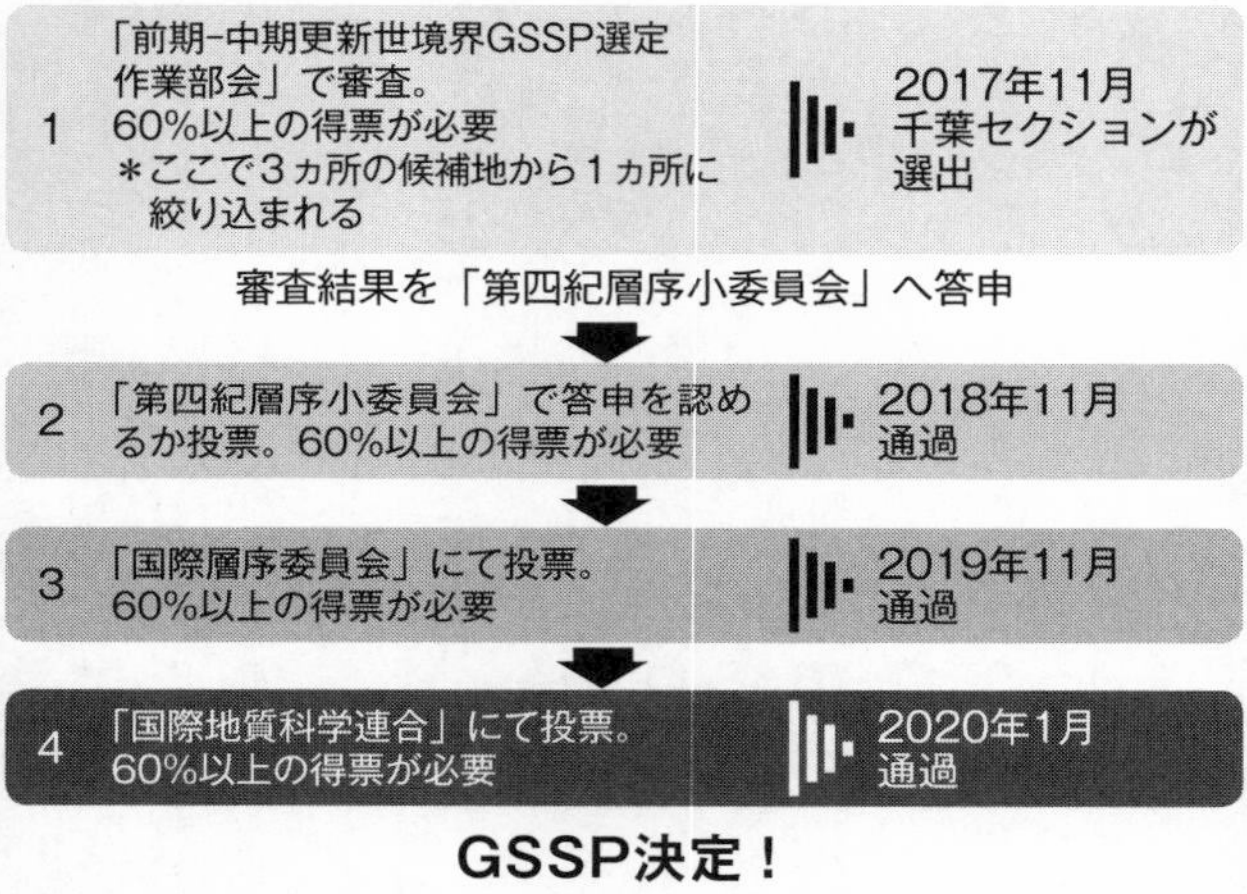
1
「前期−中期更新世境界GSSP選定作業部会」で審査。
60%以上の得票が必要
＊ここで3ヵ所の候補地から1ヵ所に絞り込まれる
2017年11月
千葉セクションが選出
審査結果を「第四紀層序小委員会」へ答申
2
「第四紀層序小委員会」で答申を認めるか投票。60%以上の得票が必要
2018年11月
通過
3
「国際層序委員会」にて投票。
60%以上の得票が必要
2019年11月
通過
4
「国際地質科学連合」にて投票。
60%以上の得票が必要
2020年1月
通過
GSSP決定！

図7-6　GSSP審査の流れ

忙しい本業のかたわら、GSSP申請プロジェクトのためと力を注いでくれたのです。とくに中心メンバーは、何度も合宿を重ね、GSSP提案書の準備を進めました。この間、これまではあまり一緒に研究をしたことがなかった古地磁気、微化石、火山灰などの研究者らと何度も議論を重ねることで、新しい研究テーマがいくつも生まれました。これらの成果は、GSSPが認定されたのちも、次々と発表され、花開いていくことになると思います。

　完成した千葉セクションのGSSP提案書は本文70ページ、別添資料118ページという長大なものとなりました（最終審査では、これが本文75ページ、別添資料207ページまで膨らみます）。イタリアの2ヵ所の提案

書も同様に完成度の高いものでした。とくに、２０１５年の段階ではなかったベリリウム10のデータがすべての候補地でそろっていたのです。このことからも、それぞれのチームが必死で研究を進めたことがわかります。

さて、この提案申請書の提出をもって審査が開始されることになりましたが、ここで問題が発生します。前期‐中期更新世境界ＧＳＳＰ選定作業部会のメンバーがヨーロッパの研究者ばかりで、また地磁気逆転や気候変動の研究者はほとんど含まれていなかったのです。そこで、地域バランスと、専門性を考慮して、作業部会のメンバーの改選がおこなわれました。

こうして、新たに地中海沿岸以外の地域から各専門分野の審査委員が選出され、日本か

〈委員長〉
Martin Head（カナダ）
Brad Pillans（オーストラリア）

〈委員〉
Thijs van Kolfschoten（オランダ）
Chronis Tzedakis（イギリス）
Charles Turner （イギリス）
Brad Singer（アメリカ）
Craig Feibel（アメリカ）
Bradford Clement（アメリカ）
Lorraine Lisiecki（アメリカ）
Jaiqi Liu（中国）
Anastasia Markova（ロシア）
Mauro Coltorti（イタリア）
齋藤 文紀（日本）

〈GSSP 提案書執筆責任者〉
Maria Marino
（モンタルバーノ・イオニコ セクション）
Luca Capraro
（ヴァレ・デ・マンケ セクション）
菅沼 悠介
（千葉セクション）

図7-7　前期‐中期更新世境界ＧＳＳＰ選定作業部会のメンバー
改選後のメンバー。地域や専門性のバランスも考慮され、アメリカや日本からも選出された

らも島根大学の齋藤文紀教授が委員となりました。また、作業部会での審議対応のために各候補地の提案書執筆責任者も作業部会メンバーとなったのです（図7‐7）。

ポイントとなったのは「地磁気逆転記録の信頼性」

2017年7月から始まったGSSP選定作業部会の審議は約3ヵ月間も続くとても大変なものとなりました。審議の中心は、GSSPのもっとも重要な基準である「地磁気逆転記録の信頼性」。まさに先に紹介したイタリア側の問題点とは、この地磁気逆転記録の信頼性だったのです。じつは、モンタルバーノ・イオニコは地層が変質していて地磁気逆転の記録が失われていました。その後、ベリリウム10のデータによって地磁気強度低下の証拠は見つかりましたが、地磁気逆転（地磁気極の移動）のタイミングそのものは決定できなかったのです。一方、ヴァレ・デ・マンケは地磁気逆転の年代が約78万年前よりも古く、まさに「堆積残留磁化の遅れ」の影響が疑われました。その後、申請間際に得られたベリリウム10のデータは、ある意味予想通り77万2000～77万4000年前あたりにピークを示しており、結果として古地磁気の信頼性がさらに問われることになってしまったのです。

一方、我らが千葉セクションの古地磁気記録はベリリウム10のデータとも完全に一致します。さらに、微化石の分析から復元した気候変動の記録とあわせて、千葉セクションの記録は、前期

	イタリア モンタルバーノ・ イオニコ	イタリア ヴァレ・デ・マンケ	日本 千葉セクション
地磁気逆転	×	△	◎
地磁気の強さ（古地磁気記録）	×	△	○
地磁気の強さ（ベリリウム10）	◎	○	○
気候変動記録	◎	○	◎

◎ 十分に満たす
○ 満たす
△ データはあるが信頼性に問題
× データなし

図7-8　各GSSP候補地の比較
千葉セクションは、地磁気逆転記録の面で他の２候補地よりも優位になった

－中期更新世境界を規定するためにもっとも相応しいデータであることがこの議論を通して徐々にハッキリしていったのです（図７－８）。

２０１７年10月、３ヵ月にも及んだ審議期間が終了し、１ヵ月間の投票期間に入りました。しかしこのとき、私は南極地域観測隊に参加するために、南アフリカ経由の航空機で南極の昭和基地に向けて出発していたのです。

南極では当然ながら携帯電話などの電波は入りません。昭和基地では衛星回線でインターネットに接続できますが、一旦野外に出てしまえば情報から遮断されてしまいます。このとき、私は１ヵ月以上と長期の野外調査旅行に出かける直前だったのです（結果としては40日以上となりました）。作業部会による投票結果の発表時期が不明だったため、私は昭和基地で野外調査の準備をしながら、いつ来るともわからない結果を待っていまし

た。

2017年11月15日の朝、いつものようにパソコンを開くと、ヘッド教授からGSSP選定作業部会での投票結果を知らせるメールが届いていました。緊張しつつメールを開けると、そこには「全15票中11票を獲得して、千葉セクションが前期-中期更新世境界GSSPの候補地に決まった」とありました。こうして、千葉セクションは第2段階の審査に進むことが決まったのです。

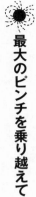

最大のピンチを乗り越えて

2018年と2019年には、それぞれ第2段階、第3段階の審査がおこなわれました。第2段階では、「団体」がイタリアの研究者などに千葉セクションの研究に不正があるという趣旨の抗議文を送ったことで、審議が一時ストップしてしまう場面がありました。彼らは複数の柱状図を対比して作った千葉複合セクションの総合柱状図には欠落があるとうったえたのです。それに対して、我々は千葉複合セクションの地層は連続的で、欠落はないことを丁寧かつ詳細に説明し、審査委員の9割以上の賛同を得て第3段階に進むことができました。

しかし、その後は順調に進むかと思われた千葉セクションGSSP申請プロジェクトは、ここで最大のピンチを迎えます。「団体」が、今度は千葉セクションの一部の土地の賃借権を取得したとの情報が入ったのです。これはＧＳＳＰの申請においてきわめて重大な問題でした。市原市は、これに先駆けて千葉セクションを含む周辺地域を国の天然記念物としていました。しかし、千葉セクションの一部がこの「団体」が管理する土地になると、天然記念物の管理団体である市原市はＧＳＳＰ認定の条件である「研究の自由」を保証できなくなってしまうのです。

このプロジェクト最大のピンチに対して、市原市が対応策を打ち出します。市原市は、天然記念物に指定された地域に対して「学術的な調査研究の目的で立ち入ることへの妨害行為を禁じる」条例案を用意したのです。その後、この条例は大多数の市民の同意を得て無事に制定されます（*註４）。こうして、千葉セクションの「研究の自由と地層の保存」が確約され、無事に第３段階審査が開始されたのです。

第３段階審査では、ＧＳＳＰは地中海沿岸にあるべきと考える伝統派の研究者からの異議もありましたが、大多数の審査委員は千葉セクションの充実したデータの科学的な信頼性を認め、結果として約９割の得票により通過することができました。こうして、地質年代や地磁気・気候変動・古生物などを専門とする研究者による科学的な審査を終えます。いよいよ千葉セクションを前期-中期更新世境界のＧＳＳＰと認定するかどうか、最終判断を下す第４段階審査に臨む

---

*註４：このとき市原市は、台風によって甚大な被害を受けていましたが、市議会を半日のみ開催し、全会一致で条例案を可決したのです。

ことになったのです。

第4段階審査は国際地質科学連合の理事会による投票でおこなわれました。それまでの3段階にあったような審議対応はなく、提出された提案書のみから判断されたのです。投票権を持つ理事10名のうち、イタリア出身の理事が2名も含まれることが不安要素でしたが、これまでの審査でも高い得票により進んできたGSSP申請です。我々はある程度自信を持って結果を待ちました。

こうして本書の冒頭で紹介したとおり、2020年1月17日、千葉セクションは前期－中期更新世境界GSSPとして認定され、地質年代表に新たな「チバニアン（階／期）」が誕生することとなったのです（図7-9）。

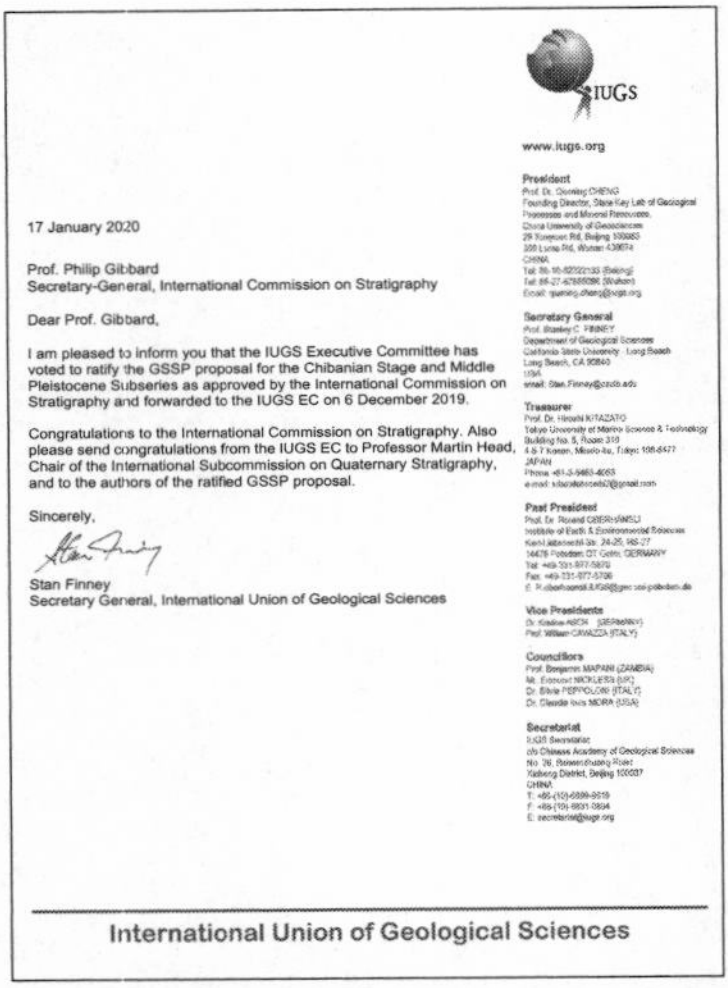

IUGS

www.iugs.org

President

Secretary General

Treasurer

Past President

Vice Presidents

Councillors

Secretariat

17 January 2020

Prof. Philip Gibbard
Secretary-General, International Commission on Stratigraphy

Dear Prof. Gibbard,

I am pleased to inform you that the IUGS Executive Committee has voted to ratify the GSSP proposal for the Chibanian Stage and Middle Pleistocene Subseries as approved by the International Commission on Stratigraphy and forwarded to the IUGS EC on 6 December 2019.

Congratulations to the International Commission on Stratigraphy. Also please send congratulations from the IUGS EC to Professor Martin Head, Chair of the International Subcommission on Quaternary Stratigraphy, and to the authors of the ratified GSSP proposal.

Sincerely,

Stan Finney
Secretary General, International Union of Geological Sciences

International Union of Geological Sciences

図7-9　GSSP決定を伝える正式書類

ちなみに「チバニアン」という名前の由来についてですが、地質年代名はGSSPが置かれる場所の地名に由来する言葉から選びます。「千葉（Chiba）」という地名を選ぶと、慣習にしたがえば、地質年代名は「チビアン（Chibian）」となります。しかし、この名称には「ちば」の音が残りませんし、違和感があるとの反対意見もありました。そこで、数名のメンバーで代案を考えていた際、私がふと口にした「チバニアン（Chibanian）」という名称が良いのではと話がまとまり、正式に提案することになったのです。これはストレートな命名ではありませんが、このような語法として、パナマ人を「パナマン（Panaman）」ではなく「パナマニアン（Panamanian）」と呼ぶ例もあるそうです。いずれにしろ、地質年代名も生きた言葉なので、地元である「千葉」の方々が親しめる名称がふさわしく、ＧＳＳＰ審査においても異論はまったくありませんでした。

チバニアンの先には――地磁気逆転研究の未来

千葉セクションが前期－中期更新世境界ＧＳＳＰとして認定されたことにより、千葉セクションは文字どおり世界標準の地層となりました。

今後は、世界中の研究者が、地磁気逆転や気候変動の研究のために千葉セクションを訪れることになるでしょう。一方、「千葉セクションＧＳＳＰ申請プロジェクト」はこれで一段落となります。しかし、研究には終わりはありません。それでは、今後の千葉セクション研究はどこに向かっていくのでしょうか。

前章で紹介したように、千葉セクションの地磁気逆転研究の中でも注目のトピックは、隕石衝突イベントや、地磁気と気候変動や生物の絶滅・進化との関係でしょう。こういった研究は、地層の分解能の制約から、どうしても因果関係の解明がネックとなってきました。しかし、千葉セクションでは高分解能のデータセットと、詳細な時間の目盛りを駆使することで、このハードルを越えられる可能性があります。すでにいくつかのプロジェクトが動き始めており、今後の展開が楽しみです。

一方、地磁気逆転研究のメインテーマである「地磁気逆転時の地磁気の姿（形）の解明」についても、千葉セクションのデータは今後大きな貢献ができると考えています。地磁気を代表する双極子磁場は、地磁気逆転のときにはとても弱くなるために、相対的に非双極子磁場の寄与が大きくなります。この結果、じつは一地点で観測された古地磁気記録だけでは地磁気の全体像を見ることが難しくなるのです。たとえば、千葉セクションの古地磁気記録では、地磁気極が南北アメリカ大陸に沿って南から北に移動します。しかし、もし他の場所で同程度の分解能で地磁気逆転が復元できたとしても、同じような地磁気極の移動が観測されるとは限らないのです。このことは、逆に地球上の複数地点から千葉セクションに匹敵する分解能で古地磁気データが取得されれば、地磁気逆転の際の地磁気の姿（形）を復元できることを意味するのです。

じつは、海底から掘削されたボーリング試料などには千葉セクションに匹敵するレベルの分解能の地磁気変動データがいくつかあります。また、南極氷床からも新たな氷床コアが掘削されればさらに詳細な松山‐ブルン境界の地磁気強度変動の記録が得られるでしょう。今後は千葉セクションの古地磁気記録を軸として、こういった世界中のデータから「地磁気の姿」を復元し、さらに地球ダイナモシミュレーションでもこのときの地磁気が再現できれば、地磁気逆転の謎の解明に大きく一歩前進できると考えています。

このように地磁気逆転の研究にはまだまだ課題があり、また大きな可能性があります。一方で、千葉セクションは気候変動の研究でもとても重要な地層なのです。本書で紹介したように、千葉セクションは約80万～75万年前の氷期→間氷期→氷期の気候変動を記録した地層です。ここで重要なのは、このときの間氷期は、ミランコビッチ理論による太陽の放射エネルギー分配の変動パターンが、過去１００万年間の中で現在我々が生きる間氷期にもっとも近いことです。じつは、間氷期はそれぞれ微妙に特性が異なるのですが、このときの間氷期は、氷期から間氷期、そして次の氷期への移り変わりの特性が現在の間氷期にとてもよく似ているのです。このため、約80万～75万年前の間氷期の記録を調べることで、人為的な温暖化の影響を受けていない、自然本来のリズムのままの気候変動を知ることができるのです。

そして、この気候変動データは、気候変動の将来予測の研究にも大いに役立ちます。我々はすでに気候システムの研究者らとともに、千葉セクションから復元した当時の気候変動データと気候シミュレーションの比較研究をスタートさせています。今後、千葉セクションからは将来の気候変動予測の精度向上につながるような重要な成果も続々と得られていくでしょう。

このように、我々は今後も地道な研究を通して、新たな発見をどんどん皆さんに届けたいと思っています。今後の研究の進展を楽しみにしていただければ幸いです。

千葉セクションはＧＳＳＰとなったことでさらに注目され、さまざまな分野の研究で世界をリードしていくでしょう。地球科学の研究にとって、千葉セクションはまだまだ宝の山なのです。

おわりに

この本の企画をもらってから、執筆を始めるまでに3年もかかってしまいました。常に本のことは気にかかっていましたが、千葉セクションのGSSP申請に必要なデータの取得と論文の執筆だけでなく、第7章でも紹介した次から次へと現れる障害への対処に翻弄されているうちに、あっというまに時間が経ってしまったのです。しかし、GSSPの審査も第3段階を迎え、いよいよチバニアンの誕生が見えてきたときに、世間に千葉セクションGSSPやチバニアンについてのまとまった解説がないことに気がつきました。そして、地元の方やチバニアンに興味がある方に会うたびに、なにかわかりやすい解説はないかと聞かれ、一般向けの解説書の必要性を感じていました。

そこで一念発起し、千葉セクションのGSSP申請のすべては紹介できなくとも、少なくとも、チバニアン誕生において重要な役割を果たした地磁気逆転という現象については専門家の端くれとして解説的なものを世に出さねばならぬと、手探りながら本書の執筆を始めました。

ところが実際に書き始めてみると、地磁気逆転を解説するためには、じつにさまざまな地球科学的な現象を説明せねば前に進めないことに気づいたのです。その結果、本書は、地球科学の歴史の一部も紐解いたうえで地磁気逆転の謎を紹介するという、とても大それたチャレンジになってしまいました。

そもそも地球科学分野全体としては、良書がたくさん出版されており、また地磁気逆転についても『地磁気の謎』や『地磁気逆転X年』など（247ページ参考図書を参照）の諸先輩方のすばらしい解説がある中で、本当に私などが本を書いて良いのだろうかと何度も迷いました。しかし、これらの地磁気関係の本の多くはすでに絶版であり、また地磁気逆転に関する最新の話題を紹介するチャンスを逃せば分野発展の妨げにもなってしまうかもしれないと思い、能力不足に目をつぶってなんとか書き上げました。

時間の制約もあり、とても完全なものとは言えませんが、地磁気逆転の不思議、そして地層中の地磁気逆転の痕跡がチバニアン誕生に結びついた流れについて、皆様の理解の一助になればと思います。

この企画を最初からサポートしてくれ、全然進まぬ執筆に辛抱強く耐えてくださったブルーバックスの家田有美子さんに心から感謝申し上げます。また、私の卒論の指導を担当し、その後も長く共同研究者として仕事をしてくださっている茨城大学教授の岡田誠先生、古地磁気研究者へと導いてくださった東京大学名誉教授の浜野洋三先生と徳山英一先生、産業技術総合研究所（現東京大学大気海洋研究所教授）の山崎俊嗣先生をはじめとする諸先生・先輩方に感謝申し上げます。ベリリウム10分析のチャンスをくださった東京大学大気海洋研究所教授の横山祐典先生にもお礼申し上げます。そして、千葉セクションGSSP申請に関して、Martin Headさんと、タスクチームの亀尾浩司さん、羽田裕貴さん、久保田好美さん、泉賢太郎さん、西田尚央さん、里口保文さん、竹下欣宏さん、板木拓也さん、奥田昌明さん、林広樹さん、中里裕臣さん、入月俊明さん、Quentin Simonさん、吉田剛さん、荻津達さん、八武崎寿史さんをはじめとする全メンバーの皆様、市原市、千葉県、文化庁、文部科学省など関係機関の皆様、いつも丁寧な取材をいただいたマスコミ関係の皆様に感謝申し上げます。

さらに、千葉セクションのGSSP申請が壁にぶち当たったときに、常に支援をいただいた国立極地研究所の幹部・同僚、古地磁気コミュニティをはじめとする地球電磁気・地球惑星圏学会、日本地質学会、日本第四紀学会、日本学術会議の関係分科会、日本ジオパークネットワークの皆様、平朝彦先生や家長将典さんなどの東京大学海洋研究所（現東京大学大気海洋研究所）のOB・現役の皆様、そして普段から楽しくお付き合いさせていただいている研究仲間・友人達にも感謝申し上げます。千葉セクションの研究データについては、とくに高知大学海洋コア総合研究センターや国立科学博物館の高度な実験設備と、極地研の古地磁気・第四紀ラボスタッフの皆様の力が不可欠でした。

本書の内容の一部については、岡田誠先生、奥野淳一さん、片岡龍峰さん、金丸龍夫さん、川村賢二さん、櫻庭中さん、佐藤雅彦さん、渋谷秀敏先生、下野貴也さん、竹原真美さん、野木義史さん、畠山唯達さん、羽田裕貴さん、堀江憲路さん、宮原ひろ子さん、望月伸竜さん、山崎俊嗣先生、山本裕二さん、吉村由多加さんなどの皆様にコメントやアドバイスをいただきました。山記してお礼申し上げます。ただし、本書中に誤りなどあればそれはすべて著者の責任です。ぜひご指摘下さい。

最後に、30歳近くまで学生生活を引きずることを許し応援してくれた両親と、休日も仕事が多く、また毎年のように何ヵ月も南極に行ってしまう勝手な私を温かくサポートしてくれる妻と3人の子どもたちに感謝します。

参考図書

関連するテーマについて、より深く知るには、以下の書籍が参考になります。

綱川秀夫『地磁気逆転X年』（岩波ジュニア新書／2002年）

アランナ・ミッチェル（著），熊谷玲美（訳）『地磁気の逆転』（光文社／2019年）

伊与原新『磁極反転』（新潮社／2014年）

上田誠也『新しい地球観』（岩波新書／1971年）

大河内直彦『チェンジング・ブルー——気候変動の謎に迫る』（岩波書店／2008年）

片岡龍峰『宇宙災害——太陽と共に生きるということ』（化学同人／2016年）

川井直人『地磁気の謎——地磁気は気候を制御する』（講談社ブルーバックス／1976年）

木村学，大木勇人『図解・プレートテクトニクス入門——なぜ動くのか？ 原理から学ぶ地球のからくり』（講談社ブルーバックス／2013年）

小玉一人『古地磁気学』（東京大学出版会／1999年）

小山慶太『光と電磁気　ファラデーとマクスウェルが考えたこと』（講談社ブルーバックス／2016年）

是永淳『絵でわかるプレートテクトニクス——地球進化の謎に挑む』（講談社／2014年）

佐藤夏雄，門倉昭『オーロラの謎——南極・北極の比較観測』（成山堂書店／2015年）

ジム・アル＝カリーリ，ジョンジョー・マクファデン(著)，水谷淳(訳)『量子力学で生命の謎を解く』（SBクリエイティブ／2015年）

平朝彦『地球のダイナミックス』（岩波書店／2001年）

多田隆治『気候変動を理学する』（みすず書房／2013年）

東京大学地球惑星システム科学講座（編）『進化する地球惑星システム』（東京大学出版会／2004年）

東京地学協会（編）『伊能図に学ぶ』（朝倉書店／1998年）

新妻信明『プレートテクトニクス——その新展開と日本列島』（共立出版／2007年）

萩原尊禮『地震学百年』（東京大学出版会／1982年）

長谷川四郎，中島隆，岡田誠（著），日本地質学会フィールドジオロジー刊行委員会（編）『層序と年代〈フィールドジオロジー2〉』（共立出版／2006年）

長谷川博一『宇宙線の謎——発生から消滅までの驚異を追う』（講談社ブルーバックス／1979年）

花岡庸一郎『太陽は地球と人類にどう影響を与えているか』（光文社新書／2019年）

宝野和博，本丸諒『すごい！ 磁石』（日本実業出版社／2015年）

前中一晃『日も行く末ぞ久しき——地球科学者松山基範の物語』（文芸社／2006年）

宮原ひろ子『地球の変動はどこまで宇宙で解明できるか——太陽活動から読み解く地球の過去・現在・未来』（化学同人／2014年）

吉田晶樹『地球はどうしてできたのか——マントル対流と超大陸の謎』（講談社ブルーバックス／2014年）

※本書の参考文献は、以下のURLよりご覧いただけます。

https://gendai.ismedia.jp/list/books/bluebacks/9784065192436

［付録］古地磁気学・岩石磁気学が研究できる大学・機関（古地磁気・岩石磁気ラボ）

国内には現在、以下の古地磁気・岩石磁気ラボがあり、さまざまな分野の研究をおこなっています。

［研究機関名］	［所在地］	［問い合わせ先］
京都大学 防災研究所附属火山活動研究センター	鹿児島市桜島	味喜大介
熊本大学 理学部地球環境科学コース	熊本市中央区	渋谷秀敏、望月伸竜
九州大学 地球社会統合科学府	福岡市西区	大野正夫
高知大学 海洋コア総合研究センター	高知県南国市	山本裕二、カース・ミリアム
海上保安大学校 国際海洋政策研究センター	広島県呉市	川村紀子
岡山大学 教育学部	岡山市北区	宇野康司
岡山理科大学 情報処理センター	岡山市北区	畠山唯達
神戸大学 理学部惑星学科	兵庫県神戸市灘区	兵頭政幸
同志社大学 理工学部環境システム学科	京都府京田辺市	林田　明、福間浩司
愛知教育大学 自然科学コース	愛知県刈谷市	星　博幸
富山大学 都市デザイン学部地球システム科学科	富山市五福	川崎一雄、石川尚人
信州大学 理学部理学科地球学コース	長野県松本市	齋藤武士
山梨県富士山科学研究所	山梨県富士吉田市	馬場 章
海洋研究開発機構	神奈川県横須賀市	金松敏也、臼井洋一
東京工業大学 地球生命研究所	東京都目黒区	Kirschvink, J.L.
東京大学 大学院理学系研究科地球惑星科学専攻	東京都文京区	佐藤雅彦
国立極地研究所	東京都立川市	菅沼悠介、藤井昌和
日本大学 文理学部地球科学科	東京都世田谷区	金丸龍夫
大東文化大学 文学部教育学科	東京都板橋区	中井睦美
綜合開発株式会社 地球科学事業部	東京都江戸川区	鄭　重
東京大学 大気海洋研究所	千葉県柏市	山崎俊嗣
産業技術総合研究所 地質調査総合センター	茨城県つくば市	小田啓邦
茨城大学 理学部地球環境科学コース	茨城県水戸市	岡田　誠
東北大学 大学院理学研究科地学専攻	宮城県仙台市	中村教博

※2020年2月現在

ま・や

ら

アルファベット

さくいん

さくいん

N.D.C.455　251p　18cm

ブルーバックス　B-2132

地《ち》磁《じ》気《き》逆《ぎゃく》転《てん》と「チバニアン」
地球の磁場は、なぜ逆転するのか

2020年3月20日　第1刷発行

著者　菅沼悠介《すがぬまゆうすけ》
発行者　渡瀬昌彦
発行所　株式会社講談社
〒112-8001　東京都文京区音羽2-12-21
電話　出版　03-5395-3524
販売　03-5395-4415
業務　03-5395-3615
印刷所　（本文印刷）株式会社新藤慶昌堂
（カバー表紙印刷）信毎書籍印刷株式会社
本文データ制作　ブルーバックス
製本所　株式会社国宝社

定価はカバーに表示してあります。

©菅沼悠介　2020, Printed in Japan
落丁本・乱丁本は購入書店名を明記のうえ、小社業務宛にお送りください。送料小社負担にてお取替えします。なお、この本についてのお問い合わせは、ブルーバックス宛にお願いいたします。

本書のコピー、スキャン、デジタル化等の無断複製は著作権法上での例外を除き禁じられています。本書を代行業者等の第三者に依頼してスキャンやデジタル化することはたとえ個人や家庭内の利用でも著作権法違反です。

Ⓡ〈日本複製権センター委託出版物〉複写を希望される場合は、日本複製権センター（電話03-6809-1281）にご連絡ください。


ISBN978－4－06－519243－6

発刊のことば

科学をあなたのポケットに

二十世紀最大の特色は、それが科学時代であるということです。科学は日に日に進歩を続け、止まるところを知りません。ひと昔前の夢物語もどんどん現実化しており、今やわれわれの生活のすべてが、科学によってゆり動かされているといっても過言ではないでしょう。

そのような背景を考えれば、学者や学生はもちろん、産業人も、セールスマンも、ジャーナリストも、家庭の主婦も、みんなが科学を知らなければ、時代の流れに逆らうことになるでしょう。

ブルーバックス発刊の意義と必然性はそこにあります。このシリーズは、読む人に科学的に物を考える習慣と、科学的に物を見る目を養っていただくことを最大の目標にしています。そのためには、単に原理や法則の解説に終始するのではなくて、政治や経済など、社会科学や人文科学にも関連させて、広い視野から問題を追究していきます。科学はむずかしいという先入観を改める表現と構成、それも類書にないブルーバックスの特色であると信じます。

一九六三年九月

野間省一

ブルーバックス　地球科学関係書

1414 謎解き・海洋と大気の物理　保坂直紀
1510 新しい高校地学の教科書　杵島正洋／松本直記＝編著　左巻健男
1639 見えない巨大水脈　地下水の科学　日本地下水学会　井田徹治
1656 今さら聞けない科学の常識2　朝日新聞科学グループ＝編
1670 森が消えれば海も死ぬ　第2版　松永勝彦
1721 図解　気象学入門　古川武彦／大木勇人
1756 山はどうしてできるのか　藤岡換太郎
1804 海はどうしてできたのか　藤岡換太郎
1824 日本の深海　瀧澤美奈子
1834 図解　プレートテクトニクス入門　木村　学／大木勇人
1844 死なないやつら　長沼　毅
1848 今さら聞けない科学の常識3　聞くなら今でしょ！　朝日新聞科学医療部＝編
1861 発展コラム式　中学理科の教科書　改訂版　生物・地球・宇宙編　石渡正志　滝川洋二＝編
1865 地球進化　46億年の物語　ロバート・ヘイゼン　円城寺　守＝監訳　渡会圭子＝訳
1883 地球はどうしてできたのか　吉田晶樹
1885 川はどうしてできるのか　藤岡換太郎
1905 あっと驚く科学の数字　数から科学を読む研究会
1924 謎解き・津波と波浪の物理　保坂直紀
1925 地球を突き動かす超巨大火山　佐野貴司
1936 Q＆A火山噴火127の疑問　日本火山学会＝編
1957 日本海　その深層で起こっていること　蒲生俊敬
1974 海の教科書　柏野祐二
1995 活断層地震はどこまで予測できるか　遠田晋次
2000 日本列島100万年史　山崎晴雄／久保純子
2002 地学ノススメ　鎌田浩毅
2004 人類と気候の10万年史　中川　毅
2008 地球はなぜ「水の惑星」なのか　唐戸俊一郎
2015 三つの石で地球がわかる　藤岡換太郎
2021 海に沈んだ大陸の謎　佐野貴司
2067 フォッサマグナ　藤岡換太郎
2068 太平洋　その深層で起こっていること　蒲生俊敬
2074 地球46億年　気候大変動　横山祐典
2075 日本列島の下では何が起きているのか　中島淳一
2077 海と陸をつなぐ進化論　須藤　斎
2094 富士山噴火と南海トラフ　鎌田浩毅
2095 深海——極限の世界　藤倉克則・木村純一＝編著　海洋研究開発機構＝協力
2097 地球をめぐる不都合な物質　日本環境学会＝編著

ブルーバックス　宇宙・天文関係書

1394 ニュートリノ天体物理学入門　小柴昌俊
1487 ホーキング　虚時間の宇宙　竹内　薫
1510 新しい高校地学の教科書　杵島正洋／松本直記／左巻健男＝編著
1697 インフレーション宇宙論　佐藤勝彦
1728 ゼロからわかるブラックホール　大須賀　健
1731 宇宙は本当にひとつなのか　村山　斉
1762 完全図解　宇宙手帳　渡辺勝巳／JAXA（宇宙航空研究開発機構）＝協力
1799 宇宙になぜ我々が存在するのか　村山　斉
1806 新・天文学事典　谷口義明＝監修
1848 今さら聞けない科学の常識3　聞くなら今でしょ！　朝日新聞科学医療部＝編
1857 宇宙最大の爆発天体　ガンマ線バースト　村上敏夫
1861 発展コラム式　中学理科の教科書　改訂版　生物・地球・宇宙編　石渡正志／滝川洋二＝編
1862 天体衝突　松井孝典
1878 世界はなぜ月をめざすのか　佐伯和人
1887 小惑星探査機「はやぶさ2」の大挑戦　山根一眞
1905 あっと驚く科学の数字　数から科学を読む研究会
1937 輪廻する宇宙　横山順一
1961 曲線の秘密　松下泰雄
1971 へんな星たち　鳴沢真也
1981 宇宙は「もつれ」でできている　ルイーザ・ギルダー　山田克哉＝監訳　窪田恭子＝訳
2006 宇宙に「終わり」はあるのか　吉田伸夫
2011 巨大ブラックホールの謎　本間希樹
2027 重力波で見える宇宙のはじまり　ピエール・ビネトリュイ　安東正樹＝監訳　岡田好恵＝訳
2066 宇宙の「果て」になにがあるのか　戸谷友則
2084 不自然な宇宙　須藤　靖